最短突破
THE EASIEST WAY TO PASS

情報セキュリティ

INFORMATION
SECURITY

五十嵐 聡 著

セキュリティ

初 級 ▶ 認定試験
公式テキスト

技術評論社

はじめに

　最近では、世界中のさまざまな場所からでもネットワークを接続することができるようになり、それを使って大量のデータベースの中から、いつでも必要なときに必要な情報を引き出せるようになりました。しかし、このように便利になった反面、情報の漏えいなどの事故も起き"セキュリティ"に関わる報道も、新聞やテレビなどでもよく見かけるようになりました。社会的な信用低下などを恐れて、今やセキュリティ対策を考えない企業や団体はほとんどなくなりました。

　このように報道される"セキュリティ"の多くが「情報セキュリティ」のことを指しています。現在ではそれだけ、企業や団体、また個人でも、情報セキュリティの脅威を感じ、その対策に時間とお金をかけるようになっています。ただ、情報セキュリティの対策には「完全」というものがありません。また、そのセキュリティレベルがどの程度なのかといった指針も明確なものがなく、あいまいな知識でセキュリティ対策や管理を行うことにより、セキュリティの脅威にさらされてしまうことすらあります。

　情報セキュリティに従事している（もしくは興味のある）方は、これらの知識を体系的に知っておく必要があります。しかし、そのような知識をじっくりと学ぶことも難しいのではないでしょうか。

　資格試験や検定試験はそのような方の学習の機会を広げてくれる場であると考えてください。

　本書は、「情報セキュリティ初級認定試験」対策用の書籍とはなっていますが、情報セキュリティの基礎を体系的に学びたい方に対して、管理と技術の両面から脅威と対策に分けて情報セキュリティに必要な内容を掲載しています。そのため、検定試験を受験する、しないに関わらず本書を利用することでセキュリティの知識が身に付くような構成となっています。

　本書を利用して、みなさまの情報セキュリティ知識と意識が向上することを心から願います。

2021年4月

五十嵐　聡

●目次

CHAPTER **I**

情報セキュリティ総論

CHAPTER Ⅳ

コンピュータの一般知識

CHAPTER Ⅴ
総合演習問題

情報セキュリティ初級認定試験について

情報セキュリティ初級認定試験は、一般財団法人 全日本情報学習振興協会によって実施される検定試験です。ここでは、情報セキュリティ初級認定試験の概要について説明します。

情報セキュリティ初級認定試験とは

　情報セキュリティに関する知識として要求される範囲は、年々広がっています。また、従事する業務により、求められるスキルも多種多様となっています。しかも、こうした傾向はこれからも一層強まることは確実です。

　ITが必須となっている現代では、業種・業務を問わず企業におけるすべての社員が、情報セキュリティについて断片的な知識にとどまらずに理解を深める必要があります。

　情報セキュリティ初級認定試験は、一般財団法人 全日本情報学習振興協会によって実施される検定試験です。

　情報セキュリティ初級認定試験では、企業ニーズに即し、個人レベルで身につけるべき情報セキュリティの概要と、情報に内包されるさまざまな脅威と求められる対策、ソフトウェア／ハードウェアの知識を問います。これにより、情報セキュリティ対策に関する基礎知識を有することを認定します。

試験の日程

　情報セキュリティ初級認定試験は、年に4回実施されます。詳しい試験日程については、一般財団法人 全日本情報学習振興協会のWebサイトを参照してください。

　URL：https://www.joho-gakushu.or.jp/

試験の概要

　情報セキュリティ初級認定試験の出題数、制限時間、合格ライン、合格発表、検定料金は次のとおりです。

制限時間	60分
合格ライン	出題区分Ⅰ～Ⅳのそれぞれの正解が70％以上
合格発表	試験より約1ヵ月後にWebサイト上で発表
検定料金	8,800円（8,000円＋税10％）

出題内容

　情報セキュリティ初級認定試験の出題内容は次のとおりです。

出題区分	内容
Ⅰ．情報セキュリティ総論	● 近年の情報セキュリティ事件・事故の例と企業責任 ● 情報セキュリティの目的 ● 情報セキュリティの3要素 ● 情報に関する企業と個人の権利を守るには ● 情報の保護に関する法規制 ● その他の法規制 ● 各種規格と認証・評価制度 ● 情報セキュリティに関連する各種基準 ● 情報セキュリティマネジメント ● 情報セキュリティ諸規定と組織 ● リスクマネジメント
Ⅱ．脅威と情報セキュリティ対策①	● 紙媒体の利用に関する脅威 ● 紙媒体不正利用対策 ● 社員・社内にいる部外者・協力会社などによる脅威 ● 人的セキュリティ対策 ● 設備機器の管理 ● モバイル機器利用に関する脅威 ● モバイル機器の管理 ● SNSの利用に関する脅威 ● SNS利用の管理 ● 建物・部屋への侵入の脅威 ● 不特定者の侵入対策 ● 天災に関する脅威 ● 大規模障害に関する脅威 ● 天災と大規模障害対策

出題区分	内容
Ⅲ. 脅威と情報セキュリティ対策②	● コンピュータ利用上の脅威 ● コンピュータ不正利用等の対策 ● インターネットの利用に関する脅威 ● インターネット不正利用対策 ● 電子媒体の利用に関する脅威 ● 電子媒体不正利用対策 ● 外部からの攻撃の脅威 ● ネットワーク攻撃対策 ● 不正プログラム ● その他サイバー攻撃手法 ● 暗号化技術 ● 公開鍵基盤 ● 認証技術 ● 利用者認証 ● その他の技術的セキュリティ対策
Ⅳ. コンピュータの一般知識	● OSに関する知識 ● アプリケーションに関する知識 ● ハードウェアに関する知識 ● スマートデバイスに関する知識 ● その他コンピュータに関する知識 ● 通信・ネットワークに関する知識 ● データベースに関する知識 ● ビッグデータに関する知識

申し込み方法

　受験に際し、国籍や年齢などの制限はありません。受験会場と時間は、申し込み後に全日本情報学習振興協会から通知されます。

　申し込み方法は次のとおりです。

- 全日本情報学習振興協会が発行する検定試験申込書に所定の事項を記入して郵送するか、同協会の Web サイト（https://www.joho-gakushu.or.jp/）上の所定のフォームで申し込みます。検定試験申込書は、同 Web サイトよりダウンロードできます。
- 受験票には、上半身、正面脱帽の写真（1 年以内に撮影、縦4センチ×横3センチ、裏面に氏名を記入）を貼付し、受験当日に持参します。
- 申し込みは先着順に受け付けられます。定員に達した場合には、申し込み期間内でも受け付けられない場合があります。
- 申し込みの受け付け後は、試験施行中止などの事情がない限りキャンセルはで

きません。

- 受験票は試験実施日の10日前までに届くよう郵送されます。10日前になって
も届かない場合は、全日本情報学習振興協会まで電話で連絡してください。

全日本情報学習振興協会では、団体受験の申し込みや試験対策セミナーの申し込みも受け付けています。詳細については、後述の問い合わせ先を参照して、全日本情報学習振興協会に問い合わせてください。

合格発表

　合否については、試験より約1ヵ月後に全日本情報学習振興協会のWebサイトで発表されます。試験の合否や成績などについて、電話での問い合わせは受け付けられません。また、答案や解答の公開または返却は行われません。

認定証書と認定カードの交付

　合格発表後約1ヵ月後に、全日本情報学習振興協会から合格証書と認定カードが交付されます。認定カードの有効期限は、2年です。有効期限後に更新を希望する場合は、毎年1回の定期講習を受講する必要があります（有料）。

　情報セキュリティ初級認定試験の合格者は、ロゴマークを全日本情報学習振興協会のWebサイトよりダウンロードして利用することができます。利用の有効期限は、認定カードと同じく2年で、ダウンロードの際に認定カードの認定番号が必要です。

問い合わせ先

一般財団法人 全日本情報学習振興協会

Webサイト：https://www.joho-gakushu.or.jp/

電話番号：03-5276-0030

本書について

本書は、一般財団法人 全日本情報学習振興協会によって実施される情報セキュリティ初級認定試験の公式テキストです。ここでは、本書の構成や本書を利用した学習方法について説明します。

本書の対象読者

本書は次の読者を対象としています。

- 情報セキュリティ初級認定試験の受験者
- 情報セキュリティについて基礎知識を体系的に学びたい人

本書の構成

本書は次の5つのChapterから構成されています。

Chapter I　情報セキュリティ総論

情報セキュリティの定義、必要性、関連法規について説明します。

Chapter II　脅威と情報セキュリティ対策①

紙媒体の利用の脅威とその対策、物理的・人的脅威とその対策、災害・大規模障害に関する脅威とその対策について説明します。

Chapter III　脅威と情報セキュリティ対策②

コンピュータ利用上の脅威とその対策、インターネット利用上の脅威とその対策、外部からの攻撃とその対策、電子媒体の利用の脅威とその対策について説明します。

Chapter IV　コンピュータの一般知識

情報セキュリティの維持に必要なコンピュータの基本知識を学びます。

Chapter V　総合演習問題

Chapter I～IVで学んだ知識をもとに、演習問題に取り組みます。

各Chapterは、複数の節から構成されています。

各節では、情報セキュリティについて図や表を用いてわかりやすく説明しています。また、本文の解説を補足するため、次のものを用意しています。

KEYWORD			
□機密性	□完全性	□可用性	
□真正性	□責任追跡性	□否認防止	□信頼性

KEYWORD 各節の冒頭で、押さえておくべき重要なキーワードを挙げています。重要なキーワードは、本文中でも太字で記載されています。

 need to knowの原則

さまざまなセキュリティの脅威に対し、セキュリティ管理者はセキュリティに関する設定を適切に行わなければいけません。これは、セキュリティの基本である「アクセスしなければならない人だけに情報を提供する」ことになります。必要な人だけに情報を開示するという、この考え方を、「need to knowの原則」といいます。

COLUMN 本文の解説に関連する技術や情報を記載します。

 リスクの分析を行い、情報資産に対する脅威の発生頻度と発生時の被害の大きさを算出してリスクを評価するまでの手順を、まとめてリスクアセスメントといいます。

NOTE 本文の解説を補足する内容を記載します。

演習問題

本書では、各Chapterの最後およびChapter Vに演習問題を用意しています。演習問題には、実際の試験で過去に出題された問題の一部を引用しています。

演習問題では、各Chapterで学習した内容に加え、押さえておきたい重要な用語や概念についても出題しています。演習問題を通じて学ぶ用語もありますので、学習の際には、各Chapterの最後およびChapter Vの演習問題を解き、解説を読みましょう。これにより、情報セキュリティに関する知識を網羅し、理解をさらに深めることが可能になります。

学習のポイント

本書を利用して情報セキュリティ初級認定試験を受験する場合には、次のポイントに注意して学習することをお勧めします。

- 情報セキュリティに関する概念や、用語とその意味、プライバシーマーク制度やISMSなどの認証制度、関連法規、各種ガイドラインの意義や詳細について理解する。
- 情報セキュリティの対象となる情報資産と脅威について理解し、実際の業務と照らし合わせながら考察することができるようにする。
- 情報セキュリティの対策について技術的な方法も含めて理解し、実際の業務と照らし合わせながら考察することができるようにする。
- 情報セキュリティ対策を実施するうえで必要なコンピュータの基本知識を学び、応用できるようにする。

情報セキュリティ総論

最初に「情報セキュリティとは何か」を理解し、
情報セキュリティで重要となる3つの要素、
個人の権利と企業責任について学習します。
続いて、情報セキュリティにおけるリスク分析
や対策の基本的な手順を理解します。情報セ
キュリティに関する法規、ガイドライン、認定
制度についても押さえておきましょう。

I-1　情報セキュリティの概要

情報セキュリティを学ぶために、そもそも情報とは何か、情報セキュリティとは何かを説明します。また、情報セキュリティを実施するためのPDCAサイクルについて学びます。

KEYWORD

□情報	□情報セキュリティ	□情報資産	□脆弱性
□脅威	□セキュリティインシデント	□CSR	□機密性
□完全性	□可用性	□PDCA	□内部統制

情報とセキュリティ

　われわれの身近には、さまざまな情報があります。電子媒体の形をとるもの、およびそれ以外の形をとるもの（紙媒体、テレビ、インターネットなどからのもの）を含め、すべてを**情報**と呼びます。

　これらの情報はすべて、正当なものであるかどうかは別として、何らかの「**危険にさらされる**」可能性があります。危険にさらされている情報を適切な方法で守らなければなりません。これらの情報を守ることを**情報セキュリティ**といいます。

◎情報セキュリティとは

　JIS Q 27000：2019（P.19、P.41）では、情報セキュリティを次のように定義しています。

> 情報の機密性、完全性及び可用性を維持すること。
> 注記　さらに、真正性、責任追跡性、否認防止、信頼性などの特性を維持することを含めることもある。

　すなわち、情報セキュリティとは、組織や情報システムやネットワークで起こりうる危険（なりすまし、不正アクセス、盗聴、情報の漏えい、侵入、事故など）を未然に防ぐため、あるいは被害を最小限にするために何らかの対策を施すことを意味します。また、情報および情報を管理するしくみ（情報システム並びにシステム開発、運用のための資料など）のことを**情報資産**といいます。

◎**脆弱性**

　脆弱性とは、1つ以上の脅威が起こる可能性がある情報資産や情報資産を含むシステムの弱点のことです。脆弱性をできる限り小さくすることで脅威を減らすことができます。また、情報資産によって脆弱性の程度や内容が異なるため、情報資産の重要度が大切になります。

　たとえば、電子メールを暗号化しないで送信しているとき、電子メールの内容が経営に直接かかわる重要な情報であれば、その内容が漏れてしまうと大きな脅威になる可能性がありますが、重要でない情報であれば、その情報が漏れても対外的には大きな問題にはなりません。

◎**脅威**

　脅威とは、情報システムに対して悪い影響を与える要因のことです。JIS Q 27000:2019（P.19、P.41）では、「システム又は組織に損害を与える可能性がある、望ましくないインシデントの潜在的な原因」と定義されています。地震や火災などの災害、悪意のある顧客や従業員、インターネットを介しての攻撃などが該当します。情報セキュリティでは、このような脅威のことを**セキュリティインシデント**と呼びます。セキュリティインシデントには、技術的、人的、物理的に数多くのものが存在します。

◎**対策**

　組織が保持する情報資産に対してリスク評価を行い、それにより定められた脅威ごとのリスクの大きさと、要求されるセキュリティ水準を比較することで、**情報セキュリティ対策**の方針が定められます。その方針に沿って、セキュリティ対策基準を検討します。その際、算定されたリスクの大きさを基準として、脅威の発生頻度および発生時の被害の大きさを低減させ、セキュリティの要求水準を満足させる対策基準を定めることが必要です。

　脅威の発生頻度または被害を低減させるための対策を講じる際には、脅威を防止できるだけでなく、実際に被害が発生した場合にどのように情報資産を守ることができるのか（**機密性**）、改ざんされないようにするのか（**完全性**）、できる限り継続して使用できるか（**可用性**）を考慮する必要があります。

◎ **PDCAサイクルに沿った情報セキュリティの実施**

　情報技術の進歩は極めて速いため、そのときに実施した情報セキュリティ対策が、将来にわたっても最適なものであるとは限りません。たとえば、ハードウェアやソ

フトウェアの導入時には適切な情報セキュリティ対策であると思えても、その効果の継続性は保証されません。情報セキュリティは、情報セキュリティポリシの策定やそれに続く日々の継続的な対策によって確保されるものです。

したがって、情報セキュリティポリシや情報セキュリティに関連する実施手順などの規定も、一度策定すれば済むわけではありません。定期的または必要に応じて見直すことによって、それぞれの情報資産に対して新たな脅威が発生していないか、環境の変化はないかを確認し、継続的に対策を講じていく必要があります。情報セキュリティの対策の策定や実施は、**図 I-1-1** のように**PDCA**（Plan-Do-Check-Act）サイクルに沿って継続して行っていきます。

▼ 図 I-1-1　情報セキュリティの実施サイクルの例

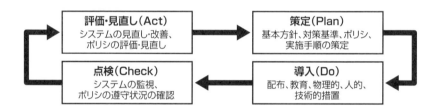

◎CSR（Corporate Social Responsibility）

CSRとは、企業が社会に与える影響を把握し、顧客などの利害関係者の要望に応えることで、社会への責任を果たすことです。情報セキュリティに関する管理体制を構築し、個人情報の漏えいなどの事故を発生させないようにすることは、CSRの一環として重要なことです。

◎コーポレートガバナンス（企業統治）

株主や銀行、債権者、取締役、従業員などの企業を取り巻くさまざまな利害関係者が企業活動を監視して、健全で効率的な企業経営を規律するための仕組みのことです。

◎内部統制

業務の有効性・効率性、財務報告の信頼性、事業活動に関わる法令等の遵守、資産の保全の4つの目的が達成されているとの合理的な保証を得るために、業務に組み込まれ、組織内のすべての者によって遂行されるプロセスをいいます。

I-2　情報セキュリティの3要素

情報セキュリティを考える上では、ネットワーク経由の脅威を意識してしまうことが多くなりがちです。しかし、自然災害や施錠管理などの物理的問題によって発生する脅威も意識する必要があります。このときのポイントとなるのが情報セキュリティの3つの要素です。

KEYWORD

☐機密性　　　　☐完全性　　　　☐可用性

☐真正性　　　　☐責任追跡性　　☐否認防止　　　　☐信頼性

情報セキュリティの定義と3要素

　情報セキュリティマネジメントの指針や一般的原則を規定する**JIS Q 27000：2019**では、情報セキュリティを「情報の**機密性**、**完全性**及び**可用性**を維持すること」と定義しています。また、機密性、完全性、可用性について**表I-2-1**のように定義されています。

▼ 表I-2-1　情報セキュリティの3要素の定義

要素	定義
機密性（confidentiality）	認可されていない個人、エンティティ※又はプロセスに対して、情報を使用させず、また、開示しない特性。
完全性（integrity）	正確さ及び完全さの特性。
可用性（availability）	認可されたエンティティが要求したときに、アクセス及び使用が可能である特性。

※エンティティは、実体、主体などともいう。情報セキュリティの文脈においては、情報を使用する組織及び人、情報を扱う設備、ソフトウェア及び物理的媒体などを意味する

　機密性、完全性、可用性の具体的な例は、次のとおりです。

- **機密性**：特定の人にIDやパスワードを与えたり、アクセス権限を制限してアクセスできる人や機器を特定することなど
- **完全性**：Webサーバのデータの改ざんや破壊が行われていないことや、機器の設定内容が不正に書き換えられていないことなど

- **可用性**：自然災害や機器の故障の発生による業務の中断や停止を避けるために、別の場所にバックアップの機器やデータを用意しておき、現実にその脅威が起こったときには切り替えて対応することなど

また、JIS Q 27000：2019などでは、3要素に加えて**真正性、責任追跡性、否認防止、信頼性**も併せて定義されています。これらを含めてセキュリティの7要素として参照されることもあります（表I-2-2）。

▼ **表 I-2-2　情報セキュリティの7要素（追加の4要素）の定義**

要素	定義
真正性（authenticity）	エンティティは、それが主張するとおりのものであるという特性。
責任追跡性（accountability）	あるエンティティの動作が、その動作から動作主のエンティティまで一意に追跡できることを確実にする特性（JIS X 5004）。
否認防止（non-repudiation）	主張された事象又は処置の発生、及びそれを引き起こしたエンティティを証明する能力。
信頼性（reliability）	意図する行動と結果とが一貫しているという特性。

COLUMN 3要素の定義の変化

　現在は廃止されているISO/IEC 17799：2000（JIS X 5080：2002）では、機密性、完全性、可用性について次のように定義されていました。

- 機密性：アクセスを認可された者だけが情報にアクセスできることを確実にすること
- 完全性：情報及び処理方法が、正確であること及び完全な状態であることを保護すること
- 可用性：認可された利用者が、必要なときに、情報及び関連する資産にアクセスできることを確実にすること

以前はあくまでも人が対象でした。現在では対象をエンティティとしています。つまり、人以外の「もの」（装置など）も対象にすることを意味します。

I-3　情報に関する個人の権利と企業責任

個人情報保護法によって守られる個人の権利について理解する必要があります。同時に、企業における情報セキュリティ対策の方針を示す情報セキュリティポリシについて詳しく説明します。

KEYWORD

- □個人情報保護法　　□個人情報　　　　□個人情報取扱事業者
- □OECD8原則　　　　□情報セキュリティ　□PDCA
- □情報セキュリティポリシ　　　　　　　□情報資産
- □情報セキュリティ基本方針　　　　　　□情報セキュリティ対策基準
- □情報セキュリティ監査　　　　　　　　□情報セキュリティ監査基準
- □情報セキュリティ管理基準

個人の権利

　情報に関する個人の権利として最初に挙げられるのは、**個人情報保護法**で規定されている個人情報に関する権利です。

◎個人情報と個人情報取扱事業者

　個人情報とは、個人情報保護法の第2条で次のように定義されています。

> この法律において「個人情報」とは、生存する個人に関する情報であって、次の各号のいずれかに該当するものをいう。
> 　一　当該情報に含まれる氏名、生年月日その他の記述等（文書、図画若しくは電磁的記録（電磁的方式（電子的方式、磁気的方式その他人の知覚によっては認識することができない方式をいう。次項第二号において同じ。）で作られる記録をいう。第十八条第二項において同じ。）に記載され、若しくは記録され、又は音声、動作その他の方法を用いて表された一切の事項（個人識別符号を除く。）をいう。以下同じ。）により特定の個人を識別することができるもの（他の情報と容易に照合することができ、それにより特定の個人を識別することができることとなるものを含む。）
> 　二　個人識別符号が含まれるもの

また、第2条第5項では個人情報を取り扱う事業者を**個人情報取扱事業者**として次のように定義しています。

> この法律において「個人情報取扱事業者」とは、個人情報データベース等を事業の用に供している者をいう。ただし、次に掲げる者を除く。
> 　一　国の機関
> 　二　地方公共団体
> 　三　独立行政法人等（独立行政法人等の保有する個人情報の保護に関する法律（平成十五年法律第五十九号）第二条第一項に規定する独立行政法人等をいう。以下同じ。）
> 　四　地方独立行政法人（地方独立行政法人法（平成十五年法律第百十八号）第二条第一項に規定する地方独立行政法人をいう。以下同じ。）

　個人情報保護法では、個人の権利として、個人情報取扱事業者が個人情報の利用目的を通知すること、本人からの求めに応じて個人情報の開示、訂正、利用停止を行うことなどを定めています（**図 I-3-1**）。

▼図 I-3-1　民間事業者の個人情報取扱いに関する基本ルール*1

4つの基本ルール

【個人情報の取得・利用】

個人情報取扱事業者は、個人情報を取り扱うに当たって、利用目的をできる限り特定しなければならないとされています（個人情報保護法 第15条第1項）。その際、利用目的はできるだけ具体的に特定しましょう。また、特定した利用目的は、あらかじめ公表しておくか、個人情報を取得する際に本人に通知する必要があります。

【個人データの安全管理措置】

個人情報取扱事業者は、個人データの安全管理のために必要かつ適切な措置を講じなければならないとされています（個人情報保護法 第20条）。

【個人データの第三者への提供】

個人情報取扱事業者は、個人データを第三者に提供する場合、原則としてあらかじめ本人の同意を得なければなりません（個人情報保護法 第23条第1項）。また、第三者に個人データを提供した場合、第三者から個人データの提供を受けた場合は、一定事項を記録する必要があります（個人情報保護法 第25条、26条）。

【保有個人データの開示請求】

個人情報取扱事業者は、本人から保有個人データの開示請求を受けたときは、本人に対し、原則として当該保有個人データを開示しなければならないとされています（個人情報保護法 第28条）。また、個人情報の取扱いに関する苦情等には、適切・迅速に対応するよう努めることが必要です（個人情報保護法 第35条）。

* 1　出典：個人情報保護ハンドブック（https://www.ppc.go.jp/files/pdf/kojinjouhou_handbook.pdf）より引用。

◎OECD8原則

個人情報保護法は、OECD（経済協力開発機構）から公表された**プライバシー保護と個人データの国際流通についてのガイドラインに関する**OECD理事会勧告をベースにしています。このガイドラインは次の8つの原則を規定しており、一般にOECD8原則と呼ばれます。

- **収集制限の原則**：個人データは、適法・公正な手段により、かつ情報主体に通知または同意を得て収集されるべきである。
- **データ内容の原則**：収集するデータは、利用目的に沿ったもので、かつ正確・完全・最新であるべきである。
- **目的明確化の原則**：収集目的を明確にし、データ利用は収集目的に合致するべきである。
- **利用制限の原則**：データ主体の同意がある場合や法律の規定による場合を除いて、収集したデータを目的以外に利用してはならない。
- **安全保護の原則**：合理的安全保護措置により、紛失・破壊・使用・修正・開示等から保護すべきである。
- **公開の原則**：データ収集の実施方針等を公開し、データの存在、利用目的、管理者等を明示するべきである。
- **個人参加の原則**：データ主体に対して、自己に関するデータの所在及び内容を確認させ、または異議申立を保証するべきである。
- **責任の原則**：データの管理者は諸原則実施の責任を有する。

情報セキュリティに関する企業責任

企業などの組織は、**情報セキュリティ**に関して非常に重い責任を負います。組織内で扱う情報を守るために**PDCA**（Plan-Do-Check-Act）サイクルに沿って、情報セキュリティに関する計画の立案、実行と運用、チェック、見直しを行わなければなりません。

◎情報セキュリティポリシ

情報セキュリティポリシとは、組織が所有する**情報資産**の情報セキュリティ対策について総合的、体系的かつ具体的にとりまとめたもののことです。どのような情報資産をどのような脅威からどのように守るのかについての基本的な考え方、並びに情報セキュリティを確保するための体制、組織および運用を含めた規定になります。

情報セキュリティポリシは、情報セキュリティ管理者（または組織内の情報セキュリティ委員会）などが策定します。企業はこのポリシに基づき、情報資産を脅威から守る対策を検討します。

　情報セキュリティポリシは、情報セキュリティ基本方針と情報セキュリティ対策基準からなります（図 I-3-2）。

▼ 図 I-3-2　情報セキュリティポリシの位置づけ

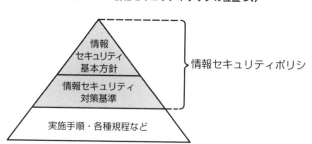

1. 情報セキュリティ基本方針

　情報セキュリティ基本方針は、組織における、情報セキュリティ対策に対する根本的な考え方を表します。組織がどのような情報資産を持ち、その資産に対してどのような脅威があり、それをなぜ保護しなければならないかを明らかにし、組織の情報セキュリティに取り組む姿勢を示す方針のことです。

2. 情報セキュリティ対策基準

　情報セキュリティ対策基準は、情報セキュリティ基本方針に定められた情報セキュリティを確保するために遵守すべき行為および判断などの基準のことです。つまり、情報セキュリティ基本方針を実現するためには何を行わなければいけないかを示します。

3. 情報セキュリティ実施手順など

　情報セキュリティポリシには含まれないものの、対策基準に定められた内容を具体的な情報システムまたは業務においてどのような手順に従って実行していくかを情報セキュリティ実施手順で示します。

◎ 情報セキュリティポリシの策定手順

　代表的な情報セキュリティポリシの策定は、図 I-3-3 の手順で行います。

▼ 図 I-3-3　情報セキュリティポリシの策定手順（例）

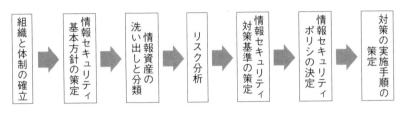

組織と体制の確立 → 情報セキュリティ基本方針の策定 → 情報資産の洗い出しと分類 → リスク分析 → 情報セキュリティ対策基準の策定 → 情報セキュリティポリシの決定 → 対策の実施手順の策定

1. 組織と体制の確立

　情報セキュリティポリシを策定するにあたり、経営陣あるいは重役の関与を明確にするとともに、情報システムの管理者および情報セキュリティに関する専門的知識を有する人物などのメンバを組織横断的に集め、情報セキュリティ委員会などを作成します。また、組織の目的、権限、名称、業務、構成員などを規定し、情報セキュリティに取り組むための体制を整えます。

2. 情報セキュリティ基本方針の策定

　情報セキュリティ基本方針には、情報セキュリティ対策の目的、対象範囲などを盛り込み、組織の情報セキュリティに対する基本的な考え方を定めます。

3. 情報資産の洗い出しと分類

　保有する情報資産を調査し、資産ごとの価値を判断して優先度を決めます。

4. リスク分析

　リスク分析とは、保護すべき情報資産を明らかにし、それらに対するリスクを評価することです。

5. 情報セキュリティ対策基準の策定

　リスク分析の結果によって得られた情報資産それぞれの対策について、体系化した上で対策基準を定めます。

6. 情報セキュリティポリシの決定

　情報セキュリティ基本方針と情報セキュリティ対策基準が策定されたら、情報セキュリティポリシ案を作成します。作成されたポリシ案について、情報セキュリティ分野の専門家による評価や関係部局の意見などを参考に、その妥当性を確認してか

ら正式に情報セキュリティポリシを決定します。

7. 対策の実施手順の策定

　情報セキュリティポリシを遵守しなければならない対象者について、取り扱う情報、実施する業務などに応じてどのような方法で情報セキュリティを確保しなければならないかを示すために、実施手順を策定します。したがって、業務を実施する環境に応じて、必要があれば部署単位などで個別に対策を定めます。

　情報セキュリティポリシが決定し、実施手順が策定された後は、それに準じた教育や訓練を行う必要があります。教育や訓練は定期的かつ継続的に実施することで、その効果が増していきます。

情報セキュリティ監査

　情報セキュリティポリシは、定期的に、および必要に応じて見直すとともに、その遵守状況をチェックしていかなければなりません。もちろん内部でチェックを行うことも重要ですが、独立した第三者によるチェックを受けることで、その精度が高くなります。

　情報セキュリティ監査は、監査業務を情報セキュリティに特化し、「有効かつ効率的に監査を実施して情報セキュリティの品質を確保すること」を目的とします。情報セキュリティに関する監査を行うには、「情報セキュリティ監査基準」や「情報セキュリティ監査基準 実施基準ガイドライン」などを参考にする必要があります。

◎情報セキュリティ監査基準

　経済産業省による**情報セキュリティ監査基準**では、情報セキュリティ管理基準を監査の判断基準として用いることを監査の前提条件としています。

　また、情報セキュリティ監査では、あらかじめ監査目的を設定しておかなければなりません。監査は、その目的に応じて保証型の監査と助言型の監査に分けることができます。また、この2つを同時に目的とした監査を行うことも可能です。

- **保証型の監査**：情報セキュリティ対策が適切かどうかを監査人が保証することを目的とする監査
- **助言型の監査**：情報セキュリティ対策の改善のために監査人が助言を行うことを目的とする監査

◎情報セキュリティ管理基準

　情報セキュリティ管理基準はJIS Q 27001:2014およびJIS Q 27002:2014と整合されており、情報セキュリティにかかわるマネジメントに関する国際基準に合致しています。なお、この基準は「情報セキュリティ監査基準」に従って監査を行う場合、監査人が監査の判断の尺度として用いるべき基準となります。また、この基準はISMS認証制度において用いられる適合性評価（P.40）の尺度にも合うように配慮されています。

情報セキュリティ監査の実施手順

　一般的に、情報セキュリティ監査は次のような流れで実施します。

1. 監査計画の立案

　情報セキュリティ監査を行うにあたり、監査の対象となる情報資産のリスク分析の結果を踏まえ、具体的かつ効率的に監査を実施できるように計画を立てます。計画の内容は、次のとおりです。

- 監査手続きの実施時期
- 監査手続きの実施場所
- 監査手続きの実施担当者およびその割り当て
- 実施すべき監査手続きの概要
- 監査手続きの進捗管理方法や体制

2. 監査手続きの実施

　監査手続きを実施する際には、監査に必要な証拠を入手することが重要です。監査証拠は、関連の書類の閲覧および査閲、担当者へのヒアリング、実地調査、テストデータによる検証、脆弱性のテストなどさまざまなものから取得できます。入手した監査証拠とリスクコントロールが対応しているかどうかを確認して評価します。

3. 監査調書の作成と保存

　監査調書は、監査を行った実施記録のことです。監査報告書のもとになる監査証拠などを適切にまとめる必要があります。

4. 監査報告書の作成

　保証意見や助言意見を盛り込んだ**監査報告書**を作成します。

I-4　情報セキュリティとリスク分析

情報セキュリティ対策を立てるためには、まず情報資産を洗い出し、情報資産に対する脅威を検討してリスク分析を行う必要があります。リスク分析の考え方や手法について学習しましょう。

KEYWORD

□情報セキュリティ　□情報資産　　　□脅威　　　　□リスク
□リスク分析　　　　□脆弱性　　　　□リスクアセスメント
□リスクマネジメント　　　　　　　□JIS Q 31000

情報資産における脅威

　情報セキュリティとは、情報資産の**機密性**、**完全性**、**可用性**を維持することです。組織における**情報資産**とは、情報そのものおよび情報を管理する情報システム、情報システムの開発や運用に必要な資料などを指します。

　情報セキュリティ対策を講じるためには、具体的にどのような情報資産があり、その情報資産がさらされている**脅威**を明らかにしなければなりません。脅威とは、情報システムに対して悪い影響を与える要因のことです。地震や火災などの災害、悪意のある顧客や従業員、インターネットを介して攻撃してくる攻撃者などが該当します。

　さらに、情報資産ごとに機密性や利用環境などを考慮してどのようなリスクがあるかを特定し、その度合いを算出して、その結果に基づいて分類します。割り出された情報資産とそれぞれのリスクの度合いをベースに、情報セキュリティ対策を考えることになります。

リスク分析

　情報資産に対して講じる情報セキュリティ対策を体系的かつ具体的にまとめたものを、**情報セキュリティポリシ**といいます。組織にはどのような情報資産があり、それをどのような脅威からどのような方法で守るのかについて、基本的な方針や組織の体制などを規定公開するものです。

　情報セキュリティポリシを策定する際には、前述のとおり情報資産を調査し、情

報資産に対するリスクを正しく把握する必要があります。**リスク**とは、脅威によって情報資産に与えられる損害の可能性のことです。JIS Q 27000:2019では「目的に対する不確かさの影響」と定義されています。**リスク分析**を行うことにより、情報資産に対する脅威を洗い出し、情報資産の**脆弱性**（潜在する弱点）を客観的に判定します。

リスクマネジメント

　リスク分析を行った後は、その結果に基づき対策を立て、実施します。これをリスク対応といいます（P.32）。しかし、リスク分析やリスク対応は一度だけ実施すればよいというものではありません。リスク分析やリスク対応は継続的に行ってこそ、効果が得られます。PDCAサイクルに沿ってリスクアセスメント、リスク対応などを実施していくことを**リスクマネジメント**といいます。

　リスクマネジメントについては、**JIS Q 31000：2019（ISO31000:2018）**という規格が存在します。JIS Q 31000には「リスクマネジメント―指針」という標題がつけられており、リスクとリスクマネジメントの定義をしています。

リスク
目的に対する不確かさの影響。
・注記1　影響とは、期待されていることからかい（乖）離することをいう。影響には、好ましいもの、好ましくないもの、又はその両方の場合があり得る。影響は、機会又は脅威を示したり、創り出したり、もたらしたりすることがあり得る。
・注記2　目的は、様々な側面及び分野をもつことがある。また、様々なレベルで適用されることがある。
・注記3　一般に、リスクは、リスク源、起こり得る事象及びそれらの結果並びに起こりやすさとして表される。

リスクマネジメント
リスクについて、組織を指揮統制するための調整された活動。
　　　　　　　　　―― JIS Q 31000:2019「リスクマネジメント―指針」より引用

　リスクマネジメントプロセスは**図 I-4-1**の図のように定義されています。

▼図I-4-1　リスクマネジメントプロセス

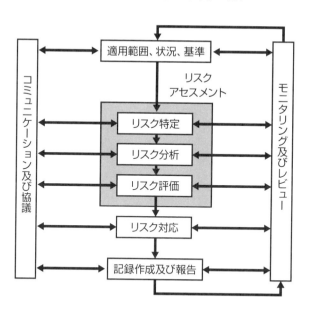

I-5　情報セキュリティ対策の概要

情報セキュリティ対策は、PDCAサイクルに沿って継続的に行う必要があります。ここでは、情報セキュリティマネジメントシステム（ISMS）とPDCAサイクル、およびリスク分析により洗い出したリスクに対応する方法について学びます。

KEYWORD

☐情報セキュリティマネジメントシステム（ISMS）
☐PDCAサイクル　　☐リスクコントロール　☐リスク回避
☐リスク集中　　　☐リスク分離　　　　☐損失予防　　　☐損失軽減
☐リスクファイナンス　　　　　　　☐リスク保有　　　☐リスク移転
☐情報セキュリティポリシ　　　　　☐情報セキュリティ教育
☐コンティンジェンシープラン（緊急時対応計画）

情報セキュリティマネジメントシステム（ISMS）

　企業において情報セキュリティに取り組むための全体的な枠組みを、**情報セキュリティマネジメントシステム**（**ISMS**：Information Security Management System）といいます。ISMSでは、情報セキュリティに対する基本方針および目的にもとづき、具体的なプロセスや手順を決め、それを導入して運用し、評価して見直しを行い、改善し、継続的に維持していかなければなりません。このように継続的にISMSを推進していく手法を、**PDCAサイクル**といいます（図I-5-1）。

▼図I-5-1　PDCAサイクルの概念

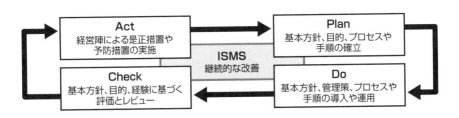

PDCAサイクルのそれぞれのプロセスの意味は、次のとおりです。

- Plan（計画）: ISMSの基本方針、目的、プロセスや手順の確立を行う。
- Do（実行）: ISMSの基本方針、管理策、プロセスや手順の導入や運用を行う。
- Check（点検）: ISMSの基本方針、目的、実際の経験に照らした評価を行って、その結果を踏まえてレビューを行う。
- Act（処置）: 点検の結果や関連情報に基づいた、是正措置や予防措置を実施する。

リスク対応

情報資産とそれに対する脅威を洗い出し、リスク分析を行った後は、情報資産に対するリスクの評価結果に応じて、何らかの対策を講じる必要があります。リスク対応は、大きくリスクコントロールとリスクファイナンスに分類できます。

◎リスクコントロール

リスクコントロールとは、リスクが現実のものとならないようにリスクの発生を事前に防止したり、リスクが現実のものとなった場合に被害を最小限に抑えて損失の規模を小さくしたりするための対応策です。リスクコントロールには、次のような手法があります。

- **リスク回避**：リスクが発生する要因を排除する手法
- **リスク集中**：リスクを持つ情報資産を集中管理することで分散しているリスクの軽減を図る手法
- **リスク分離**：リスクを持つ情報資産を分離することで全体のリスクの軽減を図る手法
- **リスク低減（最適化）**：脆弱性に対して対策を講じることで脅威発生の可能性を下げる手法
- **損失予防**：損失の発生を最小限に減らすことで全体のリスクを減らす手法
- **損失軽減**：損失が発生した場合にその損失の度合いを小さくする手法

◎リスクファイナンス

リスクファイナンスとは、リスクが発生してしまった場合の損失金額を小さくするための経営的な対策です。リスクファイナンスには、次のような手法があります。

- **リスク保有（受容）**：リスクが発生したときのために組織で準備金などを積み立

ておき、そのリスクを保有する手法
- **リスク移転（転嫁）**：リスクが発生したときのために保険をかけるなどにより、他にリスクを移転する手法

情報セキュリティ教育

　決められた**情報セキュリティポリシ**を正しく運用する上で、従業員などに情報セキュリティに対する意識を持たせる必要があります。その方法として、該当者に対して**情報セキュリティ教育**を行わなければいけません。情報セキュリティ教育は、継続的に、かつ担当者が必要と判断した場合に随時行う必要があります。

　継続的な情報セキュリティ教育の実施は、外部からの不正アクセスなどの防御のためだけでなく、コンピュータウイルスの被害や情報の漏えい、外部への攻撃などを防ぐ観点からも重要になります。

セキュリティ事故や欠陥に対する報告

　企業では、一般の従業員が情報セキュリティに関する事故やシステム上の欠陥などを発見した場合には、自らその事故や欠陥の解決を図ろうとするのではなく、速やかに情報セキュリティ担当者に報告させるようにしなければいけません。これは、その事故や欠陥による被害を拡大しないために重要なことです。

　そのためにも、**コンティンジェンシープラン（緊急時対応計画）**を策定し、前述のセキュリティ教育に加え、セキュリティ事故や欠陥を見つけた場合の対処方法の訓練を日頃から行っておく必要があります。

---

need to knowの原則

さまざまなセキュリティの脅威に対し、セキュリティ管理者はセキュリティに関する設定を適切に行わなければいけません。これは、セキュリティの基本である「アクセスしなければならない人だけに情報を提供する」ことになります。必要な人だけに情報を開示するという、この考え方を、「need to knowの原則」といいます。

I-6 情報セキュリティに関する法規、ガイドライン、認定制度など

情報セキュリティでは、何を行うと罪になるのか、その行為に対する処罰を規定する法規に関する知識が必要です。また、情報セキュリティに関連するJIS規格、ガイドライン、認定制度についても学習しましょう。

KEYWORD

☐刑法　　　　　　　　　　　☐不正アクセス禁止法
☐サイバーセキュリティ基本法　☐知的財産権
☐著作権法　　　　　　　　　☐特許法　　　　　　☐個人情報保護法
☐OECD8原則　　　　　　　☐JIS Q 15001　　　☐プライバシーマーク
☐JIS Q 27001　　　　　　☐JIS Q 27002　　　☐JIS Q 27000
☐情報セキュリティ監査基準　☐情報セキュリティ管理基準

情報セキュリティの関連法規

　情報セキュリティに関連する法規には、刑法、不正アクセス禁止法、サイバーセキュリティ基本法、著作権法や特許法、個人情報保護法などがあります。

◎刑法
　刑法では、コンピュータを使用した、次のような不正行為を犯罪として規定しています。

1. 電磁的記録不正作出（刑法161条の2）
　電磁的記録不正作出は、コンピュータ上での文書偽造に相当する行為です。私文書にあたるデータを不正に作った場合には、5年以下の懲役または50万円以下の罰金の刑に処せられます。また、公文書にあたるデータを不正に作った場合は、10年以下の懲役または100万円以下の罰金の刑です。

2. 不正指令電磁的記録作成等（刑法168条の2）
　いわゆるコンピュータウイルス罪です。この法律によりウイルスを含むマルウェ

アの作成・提供・供用・取得・保管行為が罰せられます（作成・提供・供用は3年以下の懲役または50万円以下の罰金、取得・保管は2年以下の懲役または30万円以下の罰金）。

3. 電子計算機損壊等業務妨害（刑法234条の2）

電子計算機損壊等業務妨害は、コンピュータ上での業務妨害に相当する行為です。電子計算機損壊等業務妨害を行う者は、5年以下の懲役または100万円以下の罰金の刑に処せられます。たとえば、コンピュータを破壊したり、コンピュータウイルスなどによりコンピュータシステムを使用不可状態にしたりして、業務の遂行を妨げる行為がこれにあたります。

4. 電子計算機使用詐欺（刑法246条の2）

電子計算機使用詐欺は、コンピュータ上でのシステムに対する詐欺に該当する行為です。電子計算機使用詐欺を行う者は、10年以下の懲役の刑に処せられます。コンピュータシステムに対して虚偽のデータを送り込んだり、計算プログラムを書き換えたりして、システムによる課金業務を妨害する行為を想定したものです。

◎不正アクセス行為の禁止等に関する法律（不正アクセス禁止法）

不正アクセス禁止法は、アクセスが制限されているコンピュータに対して他人のIDやパスワードを使用したり、セキュリティホールなどを悪用したりして侵入する行為を処罰するためのものです。また、不正行為を助長する行為（IDやパスワードなどを本人に無断で第三者に伝えるなど）も禁止です。この法律で規定されている不正アクセス行為を行った者は、3年以下の懲役または100万円以下の罰金の刑に処せられます。

◎サイバーセキュリティ基本法

サイバーセキュリティ基本法は、インターネットなどにおいてのサイバーセキュリティ戦略の施策を総合的かつ効率的に推進するための基本理念を定めて、国の責務などを明確にすることで、サイバーセキュリティ戦略の策定や当該施策の基本となる事項を規定しています。

◎特定電子メールの送信の適正化等に関する法律

特定電子メールの送信の適正化等に関する法律では、利用者の同意を得ないで広告・宣伝などを目的とした電子メールを送信する際の規定を定めた法律です。また、取引関係以外では、電子メールの送信に同意した相手に対してのみ広告・

宣伝などを目的とした電子メールの送信を許可する方式（オプトイン方式）が導入されました。

◎知的財産権と関連法規

知的財産権とは、「知的創造活動によって生み出されたもの」を財産として保護するための権利です。**知的財産基本法**では知的財産と知的財産権を次のように規定しています。

> ・**知的財産**：「発明、考案、植物の新品種、意匠、著作物その他の人間の創造的活動により生み出されるもの」「商標、商号その他事業活動に用いられる商品または役務を表示するもの」「営業秘密その他の事業活動に有用な技術上または営業上の情報」
> ・**知的財産権**：特許権、実用新案権、育成者権、意匠権、著作権、商標権、その他

知的財産権に含まれる権利と関連法規は、**図 I-6-1** のとおりです。

▼ 図 I-6-1　知的財産権の種類[*2]

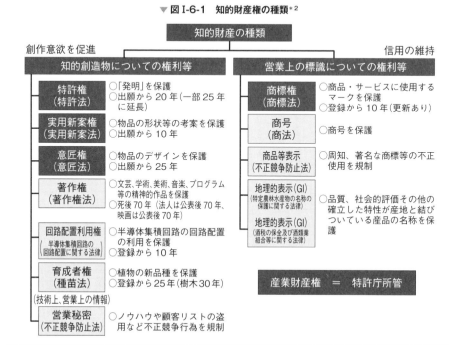

*2 出典：特許庁の Web ページ「知的財産権について」(https://www.jpo.go.jp/system/patent/gaiyo/seidogaiyo/chizai02.html) より引用。

知的財産権のうち、特許権、実用新案権、意匠権、商標権を産業財産権といいます。

 技術やノウハウ等の情報が営業秘密として不正競争防止法で保護されるためには、秘密管理性、有用性、非公知性の３つの要件をすべて満たす必要があります。

　知的財産権のうち、情報セキュリティに深くかかわるものとして著作権と特許権があります。

1. 著作権

　著作権とは、**著作物**を保護するための権利です。**著作権法**では、著作物とは「思想又は感情を創作的に表現したものであって、文芸、学術、美術又は音楽の範囲に属するものをいう」と規定されています。著作権については、その中でもコンピュータを扱う際に注意すべき内容について理解する必要があります。

　著作権法では、第10条で著作物の例として「プログラムの著作物」が挙げられています。しかし、一方で著作権法による保護は、「その著作物を作成するために用いるプログラム言語、規約及び解法に及ばない」と規定されている点に注意しなければなりません。

　また、第47条の3には「プログラムの著作物の複製物の所有者による複製等」という条項があります。「プログラムの著作物の複製物の所有者は、自ら当該著作物を電子計算機において利用するために必要と認められる限度において、当該著作物の複製又は翻案（これにより創作した二次的著作物の複製を含む。）をすることができる」という規定です。これはすなわち、必要と認められる範囲（**バックアップ**など）では複製が認められていることを意味します。

2. 特許権

　特許権は**発明**を保護する権利です。**特許法**では、「発明、すなわち、自然法則を利用した技術的思想の創作のうち高度のもの」を保護の対象とすると定められています。

　特許法によって保護されるべき発明には、プログラムも含まれています。ここでは、プログラムは「電子計算機に対する指令であって、一の結果を得ることができるように組み合わされたもの」と規定されています。暗号化アルゴリズムについて

は、手作業で作成する暗号は自然法則を利用しないことから、特許法の保護の対象にはなりません。しかし、コンピュータシステムを利用して生成する暗号は、コンピュータという自然法則に基づいて動作するアルゴリズムを利用しているため、保護の対象になります。

◎個人情報の保護に関する法律（個人情報保護法）

1980年、OECD（経済協力開発機構）は、プライバシー保護と個人データの国際流通についてのガイドラインに関するOECD理事会勧告（OECD8原則）を公表しました。これを受けて2003年に成立し、公布されたのが次の法律です。

- 個人情報の保護に関する法律（個人情報保護法）
- 行政機関の保有する個人情報の保護に関する法律（行政機関個人情報保護法）
- 独立行政法人等の保有する個人情報の保護に関する法律（独立行政法人個人情報保護法）

個人情報保護法が成立した背景には、高度情報通信社会の進展に伴い個人情報の利用が著しく拡大していることがあります。その目的は、「個人情報の有用性に配慮しつつ、個人の権利利益を保護する」ことです。

2005年に全面施行され、その後改定された個人情報保護法では、個人情報や個人情報取扱事業者を次のようなものとして規定しています。

- **個人情報**：生存する個人に関する情報（識別可能情報）
- **個人識別符号**：
  一　特定の個人の身体の一部の特徴を電子計算機の用に供するために変換した文字、番号、記号その他の符号であって、当該特定の個人を識別することができるもの
  二　個人に提供される役務の利用若しくは個人に販売される商品の購入に関し割り当てられ、又は個人に発行されるカードその他の書類に記載され、若しくは電磁的方式により記録された文字、番号、記号その他の符号であって、その利用者若しくは購入者又は発行を受ける者ごとに異なるものとなるように割り当てられ、又は記載され、若しくは記録されることにより、特定の利用者若しくは購入者又は発行を受ける者を識別することができるもの
- **個人情報データベース等**：個人情報を含む情報の集合物（検索が可能なもの。一定のマニュアル処理情報を含む）
- **個人情報取扱事業者**：個人情報データベース等を事業の用に供している者

（国、地方公共団体、独立行政法人等、地方独立行政法人を除く）
・**個人データ**：個人情報データベース等を構成する個人情報
・**保有個人データ**：個人情報取扱事業者が、開示、内容の訂正、追加又は削除、利用の停止、消去及び第三者への提供の停止を行うことのできる権限を有する個人データであって、その存否が明らかになることにより公益その他の利益が害されるものとして政令で定めるもの又は一年以内の政令で定める期間以内に消去することとなるもの[*3]以外のものをいう。
・**要配慮個人情報**：本人の人種、信条、社会的身分、病歴、犯罪の経歴、犯罪により害を被った事実その他本人に対する不当な差別、偏見その他の不利益が生じないようにその取扱いに特に配慮を要するものとして政令で定める記述等が含まれる個人情報をいう。

また、個人情報保護法で定められている個人情報取扱事業者の義務は、OECD理事会勧告のOECD8原則と**図I-6-2**のように対応しています[*4]。

▼図I-6-2　OECD8原則と個人情報取扱事業者の義務規定の対応

OECD8原則	個人情報取扱事業者の義務
■**目的明確化の原則** 収集目的を明確にし、データ利用は収集目的に合致するべき ■**利用制限の原則** データ主体の同意がある場合、法律の規定による場合以外は目的以外に利用してはならない	○利用目的をできる限り特定しなければならない。（第15条） ○利用目的の達成に必要な範囲を超えて取り扱ってはならない。（第16条） ○本人の同意を得ずに第三者に提供してはならない。（第23条）
■**収集制限の原則** 適法・公正な手段により、かつ情報主体に通知又は同意を得て収集されるべき	○偽りその他不正の手段により取得してはならない。（第17条）
■**データ内容の原則** 利用目的に沿ったもので、かつ、正確、完全、最新であるべき	○正確かつ最新の内容に保つよう努めなければならない。（第19条）
■**安全保護の原則** 合理的安全保障措置により、紛失・破壊・使用・修正・開示等から保護するべき	○安全管理のために必要な措置を講じなければならない。（第20条） ○従業者・委託先に対する必要な監督を行わなければならない。（第21、22条）
■**公開の原則** データ収集の実施方針等を公開し、データの存在、利用目的、管理者等を明示するべき	○取得したときは利用目的を通知又は公表しなければならない。（第18条） ○利用目的等を本人の知り得る状態に置かなければならない。（第24条） ○本人の求めに応じて保有個人データを開示しなければならない。（第25条） ○本人の求めに応じて訂正等を行わなければならない。（第26条） ○本人の求めに応じて利用停止等を行わなければならない。（第27条）
■**個人参加の原則** 自己に関するデータの所在及び内容を確認させ、又は異議申し立てを保証するべき	（上記欄内）
■**責任の原則** 管理者は諸原則実施の責任を有する	○苦情の適切かつ迅速な処理に努めなければならない。（第31条）

---

*3　令和2年6月12日の解説により、保有個人データの定義が変わりました。施行後は、「1年以内の政令で定める期間以内に消去することとなるもの」も保有個人データに該当します。

*4　出典：消費者庁のWebページ「個人情報の保護」の「個人情報保護法の解説」－「OECD8原則と個人情報取扱事業者の義務規定の対応」（http://www.caa.go.jp/seikatsu/kojin/kaisetsu/pdfs/gensoku.pdf）より引用。

情報セキュリティにかかわる代表的なJIS規格

JIS規格には、個人情報の保護や情報セキュリティの実践に必要な事項を規定するものがいくつか存在します。

◎ JIS Q 15001（個人情報保護マネジメントシステム）

JIS Q 15001は、個人情報保護マネジメントシステムがPDCA（Plan-Do-Check-Act）サイクルに基づいて運用されているかどうかを審査する基準となっています。JIS Q 15001に規定されている要求事項に適合して個人情報保護を行っている事業者は、JIPDEC（一般財団法人 日本情報経済社会推進協会）による審査を受け、プライバシーマーク（Pマーク）を取得することができます（図I-6-3）。

▼図I-6-3　プライバシーマーク

10123456(01)

審査を受け、プライバシーマークの付与を受けると、個人情報保護を適切に行っていることが客観的に評価されたことになるため、法令遵守の証明や社会的信用の向上などのメリットがあります。なお、プライバシーマークの有効期間（更新）は2年です。

◎ JIS Q 27001:2014（ISO/IEC 27001:2013）

JIS Q 27001：2014には「情報技術―セキュリティ技術―情報セキュリティマネジメントシステム―要求事項」という標題がつけられています。**情報セキュリティマネジメントシステム**（ISMS）を確立し、導入、運用、監視、レビュー、維持および改善を行うための要求事項を規定するJIS規格です。

JIS Q 27001：2014は、情報セキュリティマネジメントに関する国際規格であるISO/IEC 27001：2013をベースとしています。また、JIS Q 27001：2014を審査基準とした**ISMS適合性評価制度**もあります。

◎ JIS Q 27000:2019（ISO/IEC 27000）

　JIS Q 27000は、情報セキュリティマネジメントシステムに関する用語や定義について規定している規格です。

◎ JIS Q 27017:2016（ISO/IEC 27017:2015）

　JIS Q 27017は、JIS Q 27002を補うもので、クラウドサービスカスタマおよびクラウドサービスプロバイダのための情報セキュリティ管理策の実施を支援する指針を提示しています。

◎ JIS Q 27002:2014（ISO/IEC 27002:2013）

　JIS Q 27002：2014には「情報技術―セキュリティ技術―情報セキュリティマネジメントの実践のための規範」という標題がつけられています。情報セキュリティマネジメントの導入、実施、維持および改善のための指針や一般的原則について規定するJIS規格です。

　具体的には、JIS Q 27001：2014に沿った管理策やリスクマネジメントについての規範を提供しています。JIS Q 27002：2014も、**ISO/IEC 27002：2013**という国際規格をベースとしています。

情報セキュリティにかかわるガイドラインなど

　法規やJIS規格以外にも、情報セキュリティを実践する上で参考とすべきガイドラインがいくつか存在します。

◎ 情報セキュリティ監査基準

　情報セキュリティを恒常的に確保するためには監査が必要です。経済産業省が公表した「情報セキュリティ監査研究会報告書」では、情報セキュリティ監査を図I-6-4のように位置づけています[5]。

　2003年、経済産業省は**情報セキュリティ監査制度**を開始しました。情報セキュリティ監査制度では、情報セキュリティの監査を行うための基準の策定や監査を行う主体の登録を行います。

---

[5]　出典：経済産業省による「情報セキュリティ監査研究会報告書」（http://www.meti.go.jp/policy/netsecurity/downloadfiles/IS_Audit_Report.pdf）より引用。

▼図I-6-4　情報セキュリティ監査の位置づけ

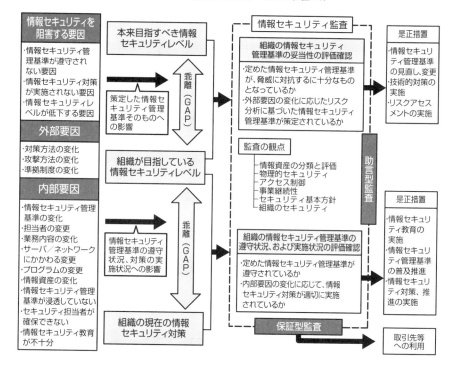

　情報セキュリティ監査基準は、情報セキュリティ監査業務の品質を確保し、有効かつ効率的に監査を実施することを目的として監査人の行為規範を規定したものです。次の3つの基準から構成されます。

- **一般基準**：監査人としての適格性と監査業務上の遵守事項を規定する。
- **実施基準**：監査計画の立案と監査手続きの適用方法など、監査を実施する上での枠組みを規定する。
- **報告基準**：監査報告にかかわる留意事項と監査報告書の記載方式を規定する。

◎**情報セキュリティ管理基準**

　情報セキュリティ管理基準は、組織が効果的な情報セキュリティマネジメント体制を構築し、適切なコントロールを整備、運用するための実践規範について規定したものです。経済産業省による情報セキュリティ監査制度において情報セキュリティ監査基準に従って監査を行う場合、監査上の判断の尺度として用いられます。

情報セキュリティ管理基準は、管理基準となるコントロールと960 ものサブコントロールから構成されます。コントロールとサブコントロールは情報セキュリティを確保するにあたって必要と思われる具体例です。監査を実施する際には、これらの項目から必要なものを抽出して利用します。また必要に応じて項目を追加することも可能です。

 参考URL

セキュリティに関するガイドラインなど、セキュリティ関連の情報を調べるには次に示すサイトが便利です。

- 首相官邸：高度情報通信社会推進本部「情報セキュリティ対策」
  https://www.kantei.go.jp/jp/it/index_hikitugi.html
- 経済産業省：「情報セキュリティ対策ポータル」
  https://www.meti.go.jp/policy/netsecurity/index.html
- IPA（情報処理推進機構）：「情報セキュリティ」
  https://www.ipa.go.jp/security/index.html
- JIPDEC（一般財団法人 日本情報経済社会推進協会）
  https://www.jipdec.or.jp/

情報セキュリティ総論

演習問題

1 以下の文章は、情報セキュリティに関するさまざまな知識を述べたものです。正しいものは○、誤っているものは×としなさい。

1. JIS Q 27000:2019において、「否認防止」は、あるエンティティの動作が、その動作から動作主のエンティティまで一意に追跡できることを確実にする特性と定義されている。

2. 情報セキュリティ監査は、情報セキュリティ対策が適切かどうかを監査人が保証することを目的とする「保証型の監査」と、情報セキュリティ対策の改善のために監査人が助言を行うことを目的とする「助言型の監査」に大別できる。

3. 「著作権法」における「著作物」とは、思想または感情を創作的に表現したものであるため、地図帳やWeb上での地図サイトの地図画像は「著作物」には該当せず、保護の対象とはならない。

4. リスクとは、脅威によって情報資産に与えられる損害の可能性のことをいい、JIS Q 27000:2019では、「目的に対する不確かさの影響」と定義されている。

5. 技術やノウハウ等の情報が「営業秘密」として「不正競争防止法」で保護されるためには、秘密管理性・有用性・非公知性の3つの要件をすべて満たす必要がある。有用性が認められるためには、その情報が主観的・客観的かを問わず、事業活動にとって有用であることが必要であり、実際に事業活動に利用されている必要がある。

6. リスク対応の1つであるリスクコントロールとは、リスクが現実のものとならないように、リスクの発生を事前に防止したり、リスクが発生した場合には、被害を最小限に抑えて損失規模を小さくするための対応策のことである。

7. 「機密性」を保持するための具体策として、特定の人にユーザID・パスワードを与えたり、アクセス権限を設定するなどにより、アクセスできる情報や機器を制限することなどが挙げられる。

8. 企業が社会に与える影響を把握し、顧客などの利害関係者の要望に応えることで、社会への責任を果たすことをCSRといい、情報セキュリティに関する管理体制を構築し、個人情報の漏えいなどの事故を発生させないようにすることは、CSRの

一環として重要なことである。

9. 内部統制とは、企業経営者の経営戦略や事業目的などを組織として機能させ達成していくための仕組みである。

2 以下の文章を読み、（　）内のそれぞれに入る最も適切な語句の組み合わせを、選択肢（ア～エ）から１つ選びなさい。

1. 知的財産権は、「知的創造物についての権利」と「営業上の標識についての権利」に大別され、以下のような権利が含まれる。

・知的創造物についての権利（創作意欲を促進）

特許権、実用新案権、（ａ）、著作権、回路配置利用権、育成者権、技術上・営業上の情報

・営業上の標識についての権利（信用の維持）

（ｂ）、商号、商品等表示・商標形態

また、これらのうち、特許権、実用新案権、（a）、（b）の４つを産業財産権といい、（ｃ）が所管している。

ア：(a) 意匠権　　　(b) 商標権　　　(c) 法務省

イ：(a) 商標権　　　(b) 意匠権　　　(c) 特許庁

ウ：(a) 意匠権　　　(b) 商標権　　　(c) 特許庁

エ：(a) 商標権　　　(b) 意匠権　　　(c) 法務省

2. JIS Q 27000:2019における情報セキュリティの３要素の定義は、次のとおりである。

・（ａ）：認可されていない個人、エンティティ又はプロセスに対して、情報を使用させず、また、開示しない特性。

・（ｂ）：正確さ及び完全さの特性。

・（ｃ）：認可されたエンティティが要求したときに、アクセス及び使用が可能で

　　ある特性。

ア：(a) 完全性　　　　(b) 信頼性　　　　(c) 有効性

イ：(a) 完全性　　　　(b) 機密性　　　　(c) 有効性

ウ：(a) 機密性　　　　(b) 完全性　　　　(c) 可用性

エ：(a) 機密性　　　　(b) 信頼性　　　　(c) 可用性

3　以下の文章の（　）に当てはまる最も適切なものを、選択肢（ア～エ）から1つ選びなさい。

1. プライバシーマーク制度は、（ア：JIS Q 9001　イ：JIS Q 15001　ウ：JIS Q 27002　エ：JIS Q 31000）に適合して個人情報について適切な保護措置を講ずる体制を整備している事業者等を評価して、その旨を示すプライバシーマークを付与し、事業活動に関してプライバシーマークの使用を認める制度である。

2. コーポレートガバナンスとは、「企業統治」のことであり、（　）である。

　ア：経営戦略に沿って効率的にITを活用するために、企業の業務の手順や情報システムを標準化して、適切な体制を整えること、あるいはその体制や組織構造のこと

　イ：株主や銀行、債権者、取締役、従業員などの企業を取り巻くさまざまな利害関係者が企業活動を監視して、健全で効率的な企業経営を規律するための仕組みのこと

　ウ：企業などが経営方針に則ってIT戦略を策定し、情報システムの導入や運用を組織的に管理・統制する仕組みのこと

　エ：経営者が方針を決定し、組織内の状況をモニタリングする仕組みおよび利害関係者に対する開示と利害関係者による評価の仕組みを構築・運用することであり、経営陣がISMSにおける「コミットメント」を行う上での活動に該当するもの

3. JIS Q 27000:2019において、「脅威」は、システムまたは組織に損害を与える可能性がある、（　）と定義されている。

ア：資産または管理策の弱点

イ：望ましくないインシデントの潜在的な原因

ウ：ソフトウェアの設計上の欠陥

エ：セキュリティ破壊の招来から生じた損害の定量的な尺度

4 次の問いに対応するものを、選択肢（ア～エ）から1つ選びなさい。

1. リスク対応を「リスクの回避」「リスクの移転」「リスクの低減」「リスクの保有」に分類した場合、「リスクの移転」の具体例に該当するものはどれか。

ア：入退管理システムの導入により、不正侵入を防止することや、施錠管理により、不正な持出しを防ぐ。

イ：社内の業務システムの運用を、外部の専門業者に委託する。

ウ：顧客向けに提供しているサービスのうち、情報漏えいなどの危険性が高いサービスを廃止する。

エ：セキュリティソフトを導入し、不正プログラムの感染を防ぐ。

解答・解説

1 1. ×　2. ○　3. ×　4. ○　5. ×　6. ○
7. ○　8. ○　9. ○

解説

1. あるエンティティの動作が、その動作から動作主のエンティティまで一意に追跡できることを確実にする特性と定義されているのは、「責任追跡性」です。

3. 地図帳やWeb上での地図サイトの地図画像は、「地図又は学術的な性質を有する図面、図表、模型その他の図形の著作物」であるため、保護の対象となります。

5. 技術やノウハウ等の情報が「営業秘密」として「不正競争防止法」で保護されるためには、秘密管理性・有用性・非公知性の3つの要件をすべて満たす必要があります。有用性が認められるためには、その情報が客観的にみて、事業活動にとって有用であることが必要であり、現に事業活動に使用・利用されていることを要するものではありません。

8. CSRはCorporate Social Responsibilityの頭文字をとったもので、日本では「企業の社会的責任」と訳されています。

2 1. ウ　2. ウ

解説

2. JIS Q 27000：2019における機密性、完全性、可用性の定義は次の通りです。「機密性：認可されていない個人、エンティティ又はプロセスに対して、情報を使用させず、また、開示しない特性」「完全性：正確さ及び完全さを保護する特性」「可用性：認可されたエンティティが要求したときに、アクセス及び使用が可能である特性」。

3 1. イ　2. イ　3. イ

解説

1. JIS Q 9001は「品質マネジメント」、JIS Q 27002は「情報セキュリティマネ

ジメント」、JIS Q 31000は「リスクマネジメント」の規格です。

2. アは「エンタープライズアーキテクチャ（EA）」、ウは「ITガバナンス」、エは「情報セキュリティガバナンス」の説明です。

3. アは「脆弱性」、ウは「バグ」、エは「損失」の説明です。

4 1. イ

解説

1. アとエは「リスクの低減」、ウは「リスクの回避」の具体例です。

CHAPTER

II

脅威と情報
セキュリティ対策①

情報資産にはさまざまな脅威があります。情報資産に対する脅威として、紙媒体の利用に関する脅威、物理的脅威と人的脅威、災害・大規模障害に関する脅威の例と、その対策について学習します。

II-1 紙媒体の利用に関する脅威

企業では日常業務にさまざまな紙媒体を利用します。紙媒体にも電子媒体と同様に情報の漏えいの脅威があります。ここでは、よく利用する紙媒体の種類と、それを利用する際に考えられる脅威について学びます。

KEYWORD

□紙媒体	□印刷物	□コピー
□FAX	□メモ	□管理に関する脅威
□輸送と受け渡しに関する脅威	□廃棄に関する脅威	

紙媒体の種類

　最近では**紙媒体**が減ったとはいえ、そこでの情報の漏えいの脅威は、かなり大きいと考えられます。無造作に置かれた状態で放置してある机上の用紙や付箋などに書かれている情報の重要度によっては、電子媒体の脅威と同等、もしくはそれ以上になります。

◎印刷物

　共有しているプリンタなどの出力装置で重要なデータを印刷する場合、当事者と関係ない他の人が同時に印刷要求を行うことがあります。この場合、プリンタから出力される**印刷物**の内容を見ずに持ち去られる、その場で内容を見られるなどの可能性があります。

◎コピー

　最近では、複数の**コピー**を自動的にソートする機能や綴じる機能を持ったコピー機もよく見かけます。このような機能を使用する際には、トレイにコピーした用紙を置き忘れたり、コピー元の用紙を置き忘れたりすることがあります。これによって関係のない他の人に情報を見られてしまうケースがあります。

◎FAX

　FAXでは、送信に時間がかかったり、相手がその用紙を実際に手にするまでに

時間がかかるケースがあります。この場合、重要な情報を関係のない人に見られることが考えられます。誤送信による情報の漏えいにも注意が必要です。

◎メモ

ノートや付箋に何気なく重要な情報を書き、そのメモをどこかに紛失してしまったり、PCなどに貼り付けておいたりすることで、重要な情報が漏えいしてしまいます。特に、パスワードを付箋に書いてパソコンや机の上に貼り付けておくなどのケースがよく見受けられます。

紙媒体に関する脅威

紙媒体に関しては、「管理」「輸送と受け渡し」「廃棄」の脅威が存在します。

◎管理に関する脅威

機密情報を含む紙媒体は、外部への持ち出し以外にも、社内における**盗難**や**紛失**などの脅威があります。他の用紙にまぎれてごみとして捨てられることもあるため、注意が必要です。また、「重要」「社外秘」などと書かれた書類を関係のない社員の目に触れるところに置くと、興味本位で内容を見られる可能性があります。

◎輸送と受け渡しに関する脅威

紙媒体を輸送する際は、電子媒体と同様に、輸送中の事故や**紛失**などのリスクがあります。また外部からの物理的な衝撃によって破損したり、水に濡れたりするといったことも考えられます。

また、直接相手に手渡すために、移動に利用した電車などの公共交通機関に紙媒体を置き忘れる、途中で盗難に遭うといった可能性もあるため、注意が必要です。

◎廃棄に関する脅威

「管理に関する脅威」でも触れましたが、重要な紙媒体がごみとして捨てられるケースもあります。最近ではごみを分別することが多く、再生可能な用紙として裁断されずに情報が残ることも考えられます。悪意のある人がごみをあさって機密情報を探すこと（**スキャベンジング／トラッシング**）もあるため、情報が残らないようにする注意が必要です。

II-2 紙媒体の不正利用の対策

紙媒体への脅威も、電子媒体と同様に、紙媒体を廃棄するまでの間存在します。紙媒体ごとの脅威への対策、管理、輸送、廃棄に関する対策について学習します。

KEYWORD

☐印刷物の管理 　　　　☐パスワードによる印刷制限

☐コピー機の利用制限 　☐授受確認 　　　　　　　☐施錠

☐クリアデスク 　　　　☐シュレッダー 　　　　　☐守秘義務契約

紙媒体ごとの対策

　紙媒体には、コンピュータなどによる出力やメモなどの用紙の他に、社内で使用されている定型書式には独自のノウハウを含むケースもあります。これらの用紙を管理するには、さまざまな対策が必要です。

◎印刷物

　プリンタなどの出力装置を共用しており、当事者以外にも関係のない他の人が同時に印刷要求を行うような場合は、そのプリンタから出力される用紙を取り違えたり置き忘れたりしないようにチェックする必要があります。部署ごとにプリンタを使い分ける、部署ごとに出力した用紙を置く場所を決めるといったルールを設けるなどの方法も考えられます。

　また、重要な情報については**パスワード**をかけて印刷を制限するようなソフトウェアを導入するなどの対策も必要です。

◎コピー

　企業では、部署単位でコピー機を共用することが多いでしょう。そのため、重要な情報をコピーしているときにはその場から離れず、コピーした用紙はもちろん、コピー元の用紙を放置したり取り違えたりしないように確認することが重要です。また、誰がコピーしたかがわかるように、**利用制限**のためのカードを導入し、担当者を決めて管理することがセキュリティ対策の向上につながります。

◎FAX

　重要な情報をFAXで送信する際には、送信相手を間違えたりしないようにFAX
の送信前後に必ず電話連絡を行って**授受確認**を行う必要があります。また、FAX
の送信中はその場から離れずに、送信完了を確認しましょう。通信障害が発生した
際に出力されるエラーレポートから情報が漏えいする可能性もあります。

　また、送信した用紙をFAXに置き忘れたりしないように注意が必要です。

紙媒体の管理に関する対策

　機密情報を含む紙媒体は、社員の目に触れるような場所ではなく、見えにくい（ガ
ラス張りではない）**施錠**可能な棚などに保管し、管理する必要があります。持ち出
しや閲覧の際には、誰がいつ（どのくらいの時間）閲覧したかがわかるように、持
ち出しの履歴を記録するなどのルールを決めるのも有効な方法です。

　また、机の上などに無造作に用紙を置いておくと、その内容を読み取られ、情報
が漏えいするという脅威もあります。そのため、離席時には**クリアデスク**の原則に
従い、机の上を整頓しておくことも重要です。

紙媒体の輸送と受け渡しに関する対策

　紙媒体の輸送には、輸送中の事故による紛失や盗難という脅威があります。その
ため、重要な内容を含む書類などを送付する際は、配送状況を追跡できる特定記録
郵便や宅配便などを使用します。送付の前には相手に到着予定日を連絡し、到着予
定日には相手が確かに受け取ったことを確認する、授受確認も大切です。

　輸送途中に水に濡れたり破損したりしないように、梱包についてもルールを決め、
適切に行わなければなりません。

紙媒体の廃棄に関する対策

　重要な紙媒体はシュレッダーで裁断してから廃棄するか、1か所に集め、まとめ
て廃棄するなどの対策が有効です。その際には、廃棄業者との**守秘義務契約**（**NDA**、
秘密保持契約ともいう）を結んでおく必要があります。また、シュレッダーは、裁
断ゴミ箱の容量、同時裁断枚数、連続運転時間、裁断対応サイズなどの性能に注意
して導入する必要があります。

II

脅威と情報セキュリティ対策①

II-3　社員・社内にいる部外者・協力会社などによる脅威

建物や特別な部屋への侵入や、モバイル機器の持ち出しや盗難によって情報が漏えいする場合があります。このような物理的脅威について学習します。

KEYWORD

□入退室に関する脅威　　　　　　　　　　□外部からの侵入
□関連会社の社員や協力会社の社員の脅威
□派遣社員やアルバイト社員の脅威　　　　□退職者の脅威
□来客者の脅威　　　　　　　　　　　　　□出入り業者の脅威
□スキャベンジング／トラッシング

入退室に関する脅威

　建物や建物内の限られた領域に入るとき、**入退出の権限**が明確でなければ誰でも簡単に入ることができます。そうすると、重要な情報や機器の盗難や盗み見、サーバなどへの不正なプログラムの埋め込みといった脅威が生まれます。

◎外部からの侵入

　外部からの侵入が考えられる場合は、前述の脅威以外にも、直接機密情報を見たり聞いたりすることが可能となり、重要な情報の漏えいの脅威があります。

◎関連会社の社員や協力会社の社員の脅威

　関連会社の社員や**協力会社の社員**は、社内で自社の社員とまったく同じ作業をすることがあります。そのため、重要な情報を見聞きする、許可なくコンピュータを利用して不正な作業を行うなどの脅威が考えられます。

◎派遣社員やアルバイト社員の脅威

　派遣社員や**アルバイト社員**は、正規社員と同じ場所で作業を行うことが多く、重要な情報を見聞きする機会も増えます。その一方で、企業に対する責任感が比較的高くない傾向にあり、情報を漏えいする危険も高まります。また、自社の情報セキュ

リティを遵守する旨の規程や、それに違反した場合の罰則規程などが派遣契約やアルバイト契約に存在しない場合、派遣社員やアルバイト社員が故意または過失で自社の情報を漏えいさせても、適切に対応できないことがあります。

◎退職者の脅威

　退職者は、退職の前日までは他の社員と同様に特定の場所への入退室やコンピュータなどへのアクセスも問題なく行っていた人物です。退職して会社と関係のない立場になっても、IDなどが削除されずに残っていた場合には、退職者による不正な入退室や不正アクセスの脅威が考えられます。

◎来客者の脅威

　来客者自身が重要情報をたまたま目にしたり耳にしたりすることにより、情報が漏えいする脅威が考えられます。また、悪意のある人が来客者になりすまして情報を得ようとすることもありえます。

◎出入り業者の脅威

　企業には、さまざまな人が出入りする可能性があります。宅配業者、ビルや各種機器のメンテナンス会社の作業員、各種営業など、かなりの数に上るでしょう。

　宅配業者の作業に関しては、荷物の取り違いや荷物を運ぶときの状態によって社内の物品の破損なども考えられます。

　ビルや各種機器のメンテナンス会社の作業に関しては、通常の昼間の時間帯に行っている業務であれば各所から監視を受けます。ただし、あまり人の出入りが多くない時間帯にセキュリティ上、重要な場所に入る可能性も大いに考えられます。

　これらの業者の作業に関しても重要な情報を見たり聞いたりすること以外に、コンピュータに不正なプログラムを混入したりごみ箱にある重要な情報をあさったり（スキャベンジング／トラッシング）することなども考えられます。

Ⅱ-4　物理的脅威と人的脅威への対策

建物や特別な部屋への侵入を防ぐためには、セキュリティレベルごとにエリアを分け、それぞれのエリアでレベルに応じた入退室の管理を行う必要があります。本人を確認するための認証方法などを理解しましょう。

KEYWORD

☐物理的分離　　　　☐認証　　　　　　　　☐IDカード
☐パスワード　　　　☐バイオメトリクス認証　☐ピギーバック（共連れ）
☐セキュリティゲート　☐監視カメラ　　　　　☐施錠
☐NDA　　　　　　☐守秘義務契約　　　　☐情報セキュリティ教育

入退室に関する対策

　入退室に関する対策を立てるためには、まず建物や建物内の限られた領域をセキュリティレベルに応じていくつかのエリアに分離する必要があります。たとえば、サーバや機密情報などを格納する、人目に触れてはいけない（もしくは人目につかない）場所に対しては厳重なセキュリティ対策を行うといったように、情報資産の重要度に応じてセキュリティレベルを明確に分ける必要があります。

物理的分離

　物理的分離とは、セキュリティレベルごとに部屋やフロアなどを分ける対策のことです。たとえば、次に示すオフィスでは、来客用応接室のような一般のエリアとサーバ室や資料保管室のようなセキュリティレベルが高い部屋を隣接させない、セキュリティレベルの高い部屋には窓を設置しない（もし、どうしても窓を動かせない場合には防犯ガラスなどを用いた上に鉄の格子をつけるなど）といった対策も検討する必要があります（図Ⅱ-4-1）。

▼ 図 II-4-1　物理的分離の例

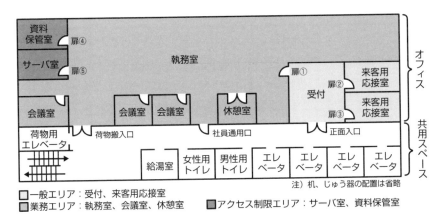

□一般エリア：受付、来客用応接室
■業務エリア：執務室、会議室、休憩室　■アクセス制限エリア：サーバ室、資料保管室

入室者の限定

　セキュリティレベルに応じて部屋やフロアを分けるだけでなく、入室できる人を限定します。入室者の特定には次のような**認証**方法を利用しますが、退出の履歴を記録することも重要です。

1. ID カード

　決められたメンバにのみ与えられた**ID カード**の保持者に入室を許可する方法です。ID カードによって入退室の履歴を記録することができますが、ID カードの紛失や他人への貸与などにより、なりすましなどの新たな脅威が発生する可能性があります。そのため、警備員などを配置し、ID カード上の写真と保持者の顔を比べて確認したり、ID カードの操作時にパスワードなどの本人しか知りえない情報を入力させたりといった対策を併せて行うと効果が上がります。

2. パスワード

　決められた**パスワード**が入力されたときのみ入室を許可する方法です。ある程度のセキュリティは保たれますが、パスワードの漏えいなどにより不正に入室される可能性があります。したがって、セキュリティレベルが高い部屋への入室に際しては、前述のような他の対策との併用が効果的です。

3. バイオメトリクス認証

バイオメトリクス認証とは、指紋、虹彩、声紋など、本人しか持つことのない生体情報を使用して本人性の認証を行う方法です（図Ⅱ-4-2）。

▼図Ⅱ-4-2　バイオメトリクス認証の例

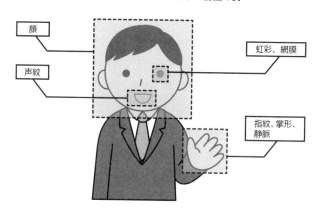

これらの方法を利用して認証を行っても、入退室の正当な権利を持つ人の後ろについて不正に入室してしまう**ピギーバック**（共連れ）の脅威が存在します。そのために、入室した際の認証記録がない者の退室を許可しない仕組み（これをアンチパスバックという）が必要です。具体的には、**セキュリティゲート**（サークルゲートやスイングゲートなど）を設けると、不正な入退室の脅威の可能性を減らすことができます。

また、**監視カメラ**などを設置することで入退室の履歴を記録したり、不正侵入者をリアルタイムでチェックしたりすることが可能となります。

◎退職者の脅威の対策

退職者が退職前のIDカードをそのまま保持していると、不正な入退室の脅威につながります。そのため、退職者のIDカードやパスワードなどは退職後には使用できないように速やかに削除の手続きを行う必要があります。

◎来客者の脅威の対策

来客者による情報の漏えいの脅威にも対策を講じる必要があります。来客者が出入り可能なエリアを限定することはもちろん、社員と同様にゲスト用IDカードなどを貸与して入退室を管理することで、行動の履歴を残すことが可能です。

◎出入り業者の脅威の対策

　企業内にはさまざまな業者が出入りします。**出入り業者**に対しては入退室を管理するだけでなく、できる限り業者の出入り可能なエリアを限定する必要があります。たとえば、**図II-4-1**のようなオフィスであれば荷物搬入口で分けるとよいでしょう。ただし、どうしてもセキュリティレベルの高い場所に入ってもらわなければならないような場合もあります。その際には、あらかじめ**守秘義務契約（NDA）**などを結んでおくなどの対策が必要です。

◎派遣社員やアルバイト社員の脅威への対策

　派遣社員やアルバイト社員から発生する脅威に備えるためには、教育・研修によって企業に対する責任感を高めることが重要です。また、派遣契約やアルバイト契約にも情報セキュリティの遵守や罰則に関する規程を盛り込む必要があります。さらに、派遣社員やアルバイト社員が作業に従事する場所を制限して、重要な情報を不用意に参照できないようにすることも有効です。

施錠管理

　重要な情報を保存する電子媒体や紙媒体、あるいはサーバなどを保管する部屋は常時**施錠**しておき、必要がある場合に解錠するようにします。

　図II-4-1のようなオフィスであれば、サーバ室と資料保管室はセキュリティレベルが高いため、扉④と扉⑤は施錠しておく必要があります。また、扉②や扉③のような部屋には通常は施錠せずに、必要に応じて施錠するといった対策を用いるとよいでしょう。

　また、かぎの種類には電気錠やサムターン錠などがあり、これらをセキュリティレベルに応じて選択する必要があります。

情報セキュリティ教育

　すべての従業員（正社員、派遣社員、パート／アルバイト）に対して、情報セキュリティに関する教育を行う必要があります。

　情報セキュリティ教育は、コンプライアンスの観点からも継続的に実施することが望ましく、また担当者が必要と判断した場合は随時実施します。

II-5　モバイル機器利用に関する脅威／モバイル機器の管理

モバイル機器（携帯機器）は、多くの人が使っているスマートフォンやタブレット端末などが該当します。これらの機器は生活には便利ですが、その反面いくつかの注意すべきことがあります。また、モバイル機器の多くはインターネットに接続して使用することも多いため、使用時の脅威を意識しておくことが重要です。

KEYWORD

☐モバイル機器　　　☐スマートフォン　　☐タブレット端末
☐ウェアラブル端末　☐盗難／紛失　　　　☐持ち出し／持ち込み　☐シャドーIT
☐MDM　　　　　　☐EMM　　　　　　☐BYOD　　　　　　　☐マルウェア

モバイル機器の種類

◎ノート型PC

　持ち運びに簡単なノート型のパソコンです。ディスプレイはカラー液晶で内蔵ディスクを持ち、ほとんどの機器は、無線ネットワーク（Wi-FiやBluetooth）に接続できます。

◎スマートフォン／タブレット端末

　電話や写真／動画撮影機能を持ち、ノート型PCのように内蔵ディスクが装備され、無線ネットワークで通信可能な機器です。また、NFC（Near Field Communication）と呼ばれる近距離無線通信機能を使って、電子マネー決済機能（Suicaや○○payなど）や端末間のデータ移動も可能です。

◎ウェアラブル端末

　衣服や身体につけ、スマートフォンと同様に無線ネットワーク以外にもGPS（Global Positioning System）機能や身体の状態を計測する機能などがあります。

モバイル機器の脅威

　入退室に関する物理的な脅威とは異なり、最近では直接外部にノートパソコンな

どのモバイル機器を持ち出すケースが増えています。外部へ持ち出した機器の紛失や盗難によって、機器内の情報が漏えいしたりのぞき見られたりといった脅威が考えられます。また、無線LANなどを使用したデータ通信を行う際には、ネットワークの盗聴などによって情報が漏えいする可能性も否定できません。

◎盗難／紛失／持ち出し

モバイル機器は、持ち運びが可能であるために、盗難や不正に持ち出しをされ、情報が漏えいする可能性があります。

◎持ち込み

個人所有のモバイル機器を業務に関係なく持ち込み、ネットワークなどに接続する（このような機器をシャドーITという）ことで、マルウェア感染や情報漏えいにつながります。

◎GPS利用の脅威

GPS機能のついたスマートフォンなどで撮影した写真には、撮影日時、撮影した場所の位置情報、カメラの機種名など、さまざまな情報（**Exif情報**）が含まれている場合があり、そこからまったく面識のない人でも撮影者の居場所を突き止めたりすることができる可能性があります。

◎ID／パスワードなどの盗み見（ショルダーハッキング）

近年、FinTech（フィンテック）といった、電子決済や電子マネーを使用したサービスが増加しています。そのときに使用されるパスワードなどを背後から盗み見られる可能性があります。

◎決済の不正利用

不正なメールに記載されているURLへのアクセス（フィッシング）による決済の不正利用やQRコードの不正利用などもあります。

◎マルウェアの脅威

出所がわからないソフトウェアをダウンロードするようなケースで、一緒にマルウェア（スパイウェアやコンピュータウイルスなど）がダウンロードされることがあります。

脅威と情報セキュリティ対策①

◎モバイル機器の廃棄

モバイル機器の廃棄時には、個人情報などの重要な情報が残っていることが多くあるため、廃棄方法を誤ると個人の漏えいにつながります。単に削除をするだけでは、データの復旧が可能なので注意しましょう。

モバイル機器の管理

従業員が業務で使用するPCやスマートフォンなどの情報端末を社外に持ち出す場合は、そのデータやアプリケーションのセキュリティ設定などを厳重に管理しないと、情報の漏えいや、社外で感染したウイルスが社内に持ち込まれて拡散するなどのリスクがあります。正しい運用を行うために、こうしたモバイル端末の監視などを行うことを**MDM**（Mobile Device Management）、さらにそれを発展させ社内のモバイル端末を統合的に管理することを**EMM**（Enterprise Mobility Management）といいます。

モバイル機器を外部に持ち出す場合には、紛失や盗難の可能性があるため、ハードディスクに暗号化を施したりすることで物理的もしくは論理的に内部情報を読み取られる可能性を減らす（**耐タンパ性**を高める）ことができます。他にもパスワードの入力などにより本人性の認証を行う方法もあります。また、パスワードの入力などをのぞき見されないように偏光フィルタを用いるといった対策も必要でしょう。

無線やリモートアクセスなどで通信を行う場合、本人性の認証を行う方法として毎回パスワードが変わるワンタイムパスワードの導入などの対策を講じる必要があります。

◎盗難／紛失の対策

SIMカードの不正利用を防ぐため、PINコードでロックします。モバイル機器内の情報を暗号化し、特定のパスワードを入力しないと復号できないようにすることで、第三者が情報を読めないようにします。加えて、モバイル機器内の情報を、リモートで操作できるツールを導入し、機器を紛失したときはすぐ強制的に端末をロックしたり情報を消去したりすることで、第三者が情報を読めないようにします。また、画面ロックを解除するパスコードの入力を一定の回数間違えるとデータを自動消去する機能（ローカルワイプ）もあります。

また、重要なデータをモバイル機器内に安易に保存しないようにすることも重要です。

◎持ち出しの対策

ノート型PCは、盗難や不正に持ち出しをされることがないように、セキュリティ

ワイヤーなどで机に固定します。また、記録媒体を備えたモバイル機器などは、棚や机などで施錠・保管します。持ち出す際は管理者の承認を受け、持ち出し記録をつけることで、内部不正がないようにする必要があります。

◎ シャドーITの対策

業務に関係のないモバイル機器の使用や、無断でネットワーク接続するなどの行為を禁止するほかに、私物のモバイル機器を業務に使用できる環境（**BYOD**：Bring Your Own Deviceなど）を整えることも重要です。

◎ GPS情報からの情報漏えいの対策

GPS機能をオフにして写真撮影を行ったり、画像編集ソフトを使用したりするなどしてExif情報を削除することが可能です。

◎ 画面の盗み見対策

公共の場所では、IDやパスワードを入力する際に背後に人がいないかどうか注意したり、偏光フィルタを使って盗み見されないようにしたりするといった対策が必要です。

◎ 決済の不正利用の対策

不正なメールは開かないこと、メールに記載されているURLへアクセスしないことが重要です。また、スマートフォンアプリは正規のサイトよりダウンロードする、アプリの更新を確実に実行することも必要な対策になります。

◎ マルウェアの対策

マルウェア対策ソフトを導入するほか、OSやスマートフォンアプリなどのソフトウェアを常に最新の状態に保つことが必要です。

◎ モバイル機器の廃棄の対策

モバイル機器の廃棄時には、個人情報などを確実に消去するだけでなく、専用のソフトウェアを使用したり、契約した専門業者に依頼したりして、重要なデータ・情報を確実に消去する必要もあります。

Ⅱ-6 | SNS利用に関する脅威

SNS（ソーシャルネットワーキングサービス：TwitterやInstagramなど）はWebと異なり、個人間のメッセージや写真などのやり取り、リアルタイムの情報共有や、企業の広告宣伝などでも使用されています。安易な書込みがトラブルに発展したり、詐欺被害やウイルスの配布を行う事例も増えています。

KEYWORD

□SNS	□情報拡散	□標的型攻撃	□プライバシー
□GPS	□短縮URL	□偽アカウント	□フィッシング
□ウイルス	□著作権	□肖像権	

SNSに関連するさまざまな脅威

◎SNS投稿の拡散

SNSを友人間のコミュニケーションの目的で利用している場合であっても、プライバシーの配慮が十分でなかったり、知人から引用されることなどにより、書き込んだ情報が思わぬ形で拡散する危険性があります。一度書き込まれて情報が拡散した場合は、第三者の投稿まで管理できないことに留意する必要があります。

◎標的型攻撃の偵察

標的型攻撃の対象となる個人をSNSサイトから検索し、人間関係や趣味などのプライバシー情報を得てから攻撃することが考えられます。

◎写真の位置情報による脅威

GPS機能のついたスマートフォンなどで撮影した写真には、撮影日時や位置情報など、さまざまな情報（Exif情報）が含まれている場合があります。SNSに位置情報付きの写真を確認せずに掲載してしまうと、自宅や居場所が他人に特定されてしまい、ストーカー被害などの犯罪に遭う可能性もあります。また、写真の背景からも居場所が特定できる場合があります。

◎ 短縮URLに潜む脅威

　インターネットでは、長いURLから短いURL（短縮URL）を生成することのできるサービスが利用されています。便利な反面、一見しただけではどのようなWebサイトにリンクされているか判断しにくいデメリットがあるため、SNS等に投稿された短縮URLから、フィッシング詐欺などの不正サイトに誘導されてしまう可能性があります。

◎ 偽アカウント／架空アカウントの作成

　SNSの中には本人確認を行わないものがあり、実在の人物や組織の名前を使った偽のアカウント、架空のアカウントで情報が投稿されているケースもあります。偽のアカウントや架空のアカウントを悪用して投稿されたURLから、フィッシング詐欺やウイルス感染などにつながることもあります。

◎ SNS投稿による権利の侵害

　投稿に当たっては、著作権、肖像権など他人の権利の侵害に注意しないと、思わぬところで訴訟に発展する場合があります。従業員個人のアカウントで行われた場合も、組織に対して損害賠償を請求される可能性があることに加え、個人情報が漏えいした場合には個人情報保護法によって雇用した組織の法的責任が追及されます。

SNS利用の管理

◎ 公式なアカウントの確認

　本人確認を行った上で、公式アカウントとして登録できるSNSもあります。とくに公的機関や企業、有名人などのSNSを購読する場合には、公式アカウントが存在するかどうかをそれぞれのWebサイトなどで確認する必要があります。公式アカウント（後述するSNS認証バッジの確認）以外のアカウントで本人確認ができない場合には、フォローしたり、友達になったりしないようにしましょう。

◎ 情報の信頼性の確認

　SNSは誰でも投稿することができることから、フィッシングなどに誘導される危険性があります。また、投稿した人が実在の人物であったとしても、他の人の投稿をそのまま再投稿する場合もありますので、情報の信頼性を確認することが大切です。

◎公開範囲の限定

　利用するSNSごとに、発信する情報の公開範囲（公開／友達の友達／友達／自分など）を適切に設定します。

◎SNS認証バッジの取得

　企業や著名人の場合は、SNSの提供業者に審査を申請し、認証済みアカウントであることを表示してもらうSNS認証バッジ（アカウント名に付いているマーク）を取得することで、公式アカウントであることを利用者に知ってもらえます。

II-7　天災・大規模障害に関する脅威

天災には、地震、雷、水害などがあります。そして天災ではありませんが、大きな問題を引き起こす要因には火災、電力障害や通信ネットワークの障害などがあります。

KEYWORD

□天災	□地震による脅威	□雷による脅威
□台風による脅威	□火災による脅威	□電力障害による脅威
□ネットワーク障害による脅威	□輻輳	□可用性
□停電		

天災

　天災は起こる頻度が比較的低いのですが、一度起こってしまうとその被害は大きくなります。特に、コンピュータ機器などに及ぼす影響が大きく、**可用性**の低下が予想されます。

◎地震

　大規模な地震であれば、その地域全体のサービスが提供されなくなることが考えられます。また、ライフライン（電気、ガス、水道、通信回線など）の障害はもとより、コンピュータ室などで使用しているエアコンなどにも影響が及ぶ可能性があります。

　小規模な地震だからといってサービスが低下しないとは限りません。地震の揺れによってサーバのネットワークケーブルが抜けて外部と接続できなくなるなど、サービスが停止させられる可能性があります。

　さらに、大地震などの影響による計画停電によって、自社のサービスを運用できなくなることもあります。地震で損傷したライフラインが復旧しても、サービスを常に提供できるとは限りません。

◎雷

　落雷があると、直接的または間接的に電気系の機器が破壊されたり、停電によってサービスが中断されたりといった事態が起こる可能性があります。

◎台風(水害)など

　強風によって電線が切れるなどの電気系のトラブルが起こり、停電などを引き起こしてしまうことが考えられます。また、台風などで降水量が増えて水害が発生することもあります。コンピュータなどの電子機器は水に弱いため、注意が必要です。

その他の災害

　天災以外では、火災、電力障害、通信障害などにより、広い範囲で可用性が低下するケースが考えられます。

◎火災

　火災の直接的な被害はもちろん、消火に使用する水や泡消火剤でコンピュータ（電子機器）が損傷してしまい、継続的な運用に支障をきたす可能性が考えられます。また、書類（紙）などにも損害が及ぶ可能性もあります。

◎電力障害

　前述の地震や台風、落雷などによる停電に加え、冬季や夏季の電力需要が大きい場合の電圧低下が考えられます。コンピュータに関しては、電圧が低下すると安定的に電力が供給されずにシステムが終了してしまったり、作業中のデータが失われてしまったりする事態が考えられます。

◎ネットワーク障害

　幹線などに大きな障害があった場合には広範囲で可用性が低下し、社会的に大きな問題になることが考えられます。また、トラフィックが集中してネットワーク機能が低下する輻輳状態に一時的に陥るケースや、ネットワーク機器（ハードウェア）の故障による通信不能なども大きな障害に発展する可能性があります。

II-8　天災・大規模障害の対策

天災にはかなり多くの対策が必要になります。すべての対策を実施することが難しい場合には、リスク分析で集めたデータの分析を正確に行い、求められるセキュリティレベル内で費用対効果を検討しながら実施することが重要です。

KEYWORD

□天災	□可用性	□ホットサイト
□コールドサイト	□雷サージ	□アレスタ
□フォールトトレラント	□フェールソフト	□フェールセーフ
□不燃材料	□準不燃材料	□難燃材料
□無停電電源装置（UPS）	□CVCF	□事業継続計画

天災の対策

　天災の対策は、**可用性**の向上を主な目的として、脅威の発生頻度、発生時の被害の大きさの分析、情報資産の重要性を加味して決定することが重要です。

◎地震

　大規模な地震が起こった場合には、ある一定のエリアにあるすべての機器などが同時に使用できなくなる可能性があります。そのため、距離の離れた別の場所にバックアップ用の機器やデータなどを保管しておくようにすることで、全体的な可用性を保つことが可能です。バックアップサイトの種類には、即時稼働が可能な**ホットサイト**や、一定時間で稼働が可能になる**コールドサイト**があります。

　また、機器類以外にも棚やロッカーなどが倒れてくる危険性があるため、転倒防止のために器具を用いて固定するなどの対策が必要です。建物自体の基礎に免震装置を入れて基礎免震構造にする措置も検討する必要があります。

◎雷

　落雷によって**雷サージ**（過電圧）が発生し、それによって機器が故障してしまう事態を避けるために、**アレスタ**（避雷器）を用いて電圧を機器の絶縁レベル以下に制御することが可能です。

◎台風（水害）など

　強い風や大量の雨による被害への対策として、セキュリティレベルの高い部屋には窓を設けないことや、地下など水害の被害を受けそうな場所にはセキュリティレベルの高い機器や資料を置かないことなどが挙げられます。

その他の災害の対策

　天災以外にも、火災や電力障害などの災害が考えられます。天災の場合と同様に、これらの災害に備えて障害に耐える対策（**フォールトトレラント、フォールトトレランス**）を十分に検討しなければなりません。

　障害が発生したときの対処法には、機器が故障しても一部の機能を減らして運転を続ける**フェールソフト**や、故障時にはシステムを停止させるなどの安全な状態にする**フェールセーフ**という考え方があります。

◎火災

　火災の発生時にはコンピュータ（電子機器）や書類（紙）などにもダメージが及ぶため、消火設備には不活性ガス（二酸化炭素や窒素、そしてその混合物）を使用する必要があります。また、建物や建物内の材料に防火材料（**不燃材料、準不燃材料、難燃材料**）を使用することも検討する必要があります。

　不燃材料は、建築基準法により次のように定義されています。

> **不燃材料**　建築材料のうち、不燃性能（通常の火災時における火熱により燃焼しないことその他の政令で定める性能をいう。）に関して政令で定める技術的基準に適合するもので、国土交通大臣が定めたもの又は国土交通大臣の認定を受けたものをいう。

　また、準不燃材料と難燃材料については、建築基準法施行令で次のように定義されています。

> **準不燃材料**　建築材料のうち、通常の火災による火熱が加えられた場合に、加熱開始後10分間第108条の2各号（建築物の外部の仕上げに用いるものにあつては、同条第一号及び第二号）に掲げる要件を満たしているものとして、国土交通大臣が定めたもの又は国土交通大臣の認定を受けたものをいう。
>
> **難燃材料**　建築材料のうち、通常の火災による火熱が加えられた場合に、加熱開始後5分間第108条の2各号（建築物の外部の仕上げに用いるものにあつては、同条第一号及び第二号）に掲げる要件を満たしているものとして、国土交通大臣が定めたもの又は国土交通大臣の認定を受けたものをいう。
>
> （第108条の2各号）
>
> 一　燃焼しないものであること。
>
> 二　防火上有害な変形、溶融、き裂その他の損傷を生じないものであること。
>
> 三　避難上有害な煙又はガスを発生しないものであること。

◎電力障害

停電の対策として、瞬電に対応するために**無停電電源装置**（UPS：Uninterruptible Power Supply）を準備しておく必要があります。UPSによる長時間の電力供給は難しいため、障害が長時間に及ぶ場合に対応できるように発電機も併せて用意することが求められます。

また、一時的な電圧低下の対策として**CVCF**（Constant-Voltage Constant-Frequency）も併用すると、可用性の向上を期待することができます。

◎ネットワーク障害

ネットワークの障害の対策として、回線の二重化などにより可用性を向上することが考えられます。

災害の対策とチェック項目の例

業務データなどを保持するサーバは企業の重要な情報資産です。サーバには、災害による脅威や物理的脅威が存在します。災害の対策の具体例として、サーバに対する脆弱性とその対策、およびチェック項目の例を次にまとめます（**表II-8-1**）。

▼表Ⅱ-8-1　サーバの対策とチェック項目の例

対策	脆弱性とその対策	チェック項目
サーバなどの設置場所の空調	空調が正しく動作するか。	空調の適切な温度管理。 空冷式空調を使用しているか。
サーバなどの設置場所の消火設備	消火設備が正しく動作するか。	消火設備の適切な設置方法について。 ガス式消火設備を配置しているか。
サーバなどの電源対策	電源の安定供給のための装置について。	UPSが設置されているか。 もしくはCVCFとUPSを併用しているか。
サーバなどの設置環境の物理的対策	サーバの設置場所に関する施錠状況、かぎの管理、入退出の管理など。	施錠の確認およびその方法について。 かぎの管理方法について。 入退出管理の厳格化（IC管理、共連れ、ビデオ監視など）。
サーバなどの二重化	サーバは本番機の他に予備機を持つか。	予備機の状況について。 予備機の切り替えのタイミング。 予備機の設置場所について。
データのバックアップ	週次でテープにバックアップされ、2世代管理されているか。 テープの保管は適切に行われているか。 ログの取得は行われているか。 計画停電などの大規模な停電に備えて、遠隔地にもバックアップデータを残すようにしているか。	バックアップのタイミングについて。 更新前後の情報が確実に保存されているか。 バックアップサイトを遠隔地に設置しているか。

事業継続計画（BCP）

　事業継続計画（BCP：Business Continuity Plan）とは、自然災害などで企業が被災しても重要な事業を中断させない、もしくは中断しても可能な限り短期間で再開させ、中断に伴う顧客の流出やシェアの低下、企業評価の低下などから企業を守るために行う経営戦略のことです。

　事業継続計画では、復旧の対象にする事業の決定、あるいは復旧時間の目標などの方針を立てて運用体制を確立し、計画に沿って運用していきます。そのためにも、バックアップシステムの整備、代替オフィスの確保、即応した要員の確保などを準備しておく必要があります。

演習問題

1 以下の文章は、情報セキュリティに関するさまざまな知識を述べたものです。正しいものは○、誤っているものは×としなさい。

1. トラッシングとは、ビルメンテナンス業者やごみ回収業者などを装い、ごみ箱やごみ集積場などをあさり、書類やメモ書きなどを集め、そこから情報を盗み出す手口である。

2. フォールトトレランスは、耐障害性や故障許容力などともいわれ、災害発生時や障害発生時にシステム全体が機能不全にならないように、正常に稼働し続ける能力のことである。

3. バイオメトリクス認証の1つの静脈認証は、外見から認証情報が判断できず、認証情報は生涯変わらないことから、認証精度が高く金融機関などでの認証に多く採用されている。

4. バックアップサイトの1つであるコールドサイトとは、ITシステムにかかわる機材が、すべて本運用とほぼ同じように設定されていて、データのバックアップを取りながら稼働状態で待機している形態であり、災害発生時に即時切替えが可能となる。

5. 近年のITの用語に関する以下の文章の [ ] に当てはまる適切な語句は「FinTech」である。

   ITを活用して金融サービスを実現する、[ ] と呼ばれる取り組みが世界的に広まっている。具体的な [ ] サービスとしては、収入と支出、現預金などをスマホのアプリを使ってすばやく把握できるサービスや、スマホで手軽に決済できるサービスなどがその例として挙げられる。

6. スマートフォンの利用において、OSのアップデートを実行すると、大容量のデータを受信することにより、メモリの占有率が上がる。それによって、常時稼働しているアプリケーションに影響が出るため、更新の通知がきてもその都度インストールする必要はない。

7. 落雷の際に発生する一時的な過電圧や過電流が、通信ケーブルなどを伝って屋内に侵入し、コンピュータや通信機器などを損傷させることがある。これを防ぐた

めの具体策として、アレスタを用いて電圧を絶縁レベル以下に制御することや、サージプロテクタを導入することなどが挙げられる。

8. 情報システムにおけるフェールセーフとは、機器が故障しても一部の機能を減らして運転を続ける技術、または考え方である。

9. GPS機能のついたスマートフォンやデジタルカメラで撮影した写真には、撮影日時やカメラの機種名の他、設定によっては、撮影した場所の位置情報（GPS情報）が含まれている場合もあるため、SNSに、こうした位置情報付きの写真をよく確認せずに掲載してしまうと、自宅や居場所が他人に特定されてしまう危険性がある。

10. 停電の対策として、瞬電に対応するためにUPSを準備しておく必要がある。また、一時的な電圧低下の対策として、コンデンサも併用すると、可用性の向上を期待することができる。

---

2 以下の文章を読み、（ ）内のそれぞれに入る最も適切な語句の組み合わせを、選択肢（ア～エ）から１つ選びなさい。

1. （ a ）とは、携帯端末の状態やシステム設定などを監視・管理する手法またはツールであり、これを発展させたものが（ b ）である。(b) は、携帯端末の業務利用において、アプリケーションソフトの導入・管理や、ユーザID、ファイルやメールなどデータの管理・保護機能などを統合したものである。(b) を採用することにより、組織が従業員へ支給する端末だけではなく、従業員の私物の端末を業務に持ち込んで利用する（ c ）の利用形態でも対応することができる。ただし、(c) の場合は、業務関連と私的な領域の分離・保護や情報の取扱いなどについて、あらかじめルールを定めておく必要がある。

ア：(a) MDM　　　(b) EMM　　　(c) BYOD

イ：(a) MDM　　　(b) MMS　　　(c) VDI

ウ：(a) FMC　　　(b) EMM　　　(c) VDI

エ：(a) FMC　　　(b) MMS　　　(c) BYOD

2. 紙媒体をシュレッダーで廃棄する際、（ a ）や、パワー不足で裁断速度が遅いなど、利用上の不便があると、情報が漏えいするという脅威を招くこともある。たとえば、機密書類であってもシュレッダーを活用せずに（ b ）をしたり、利用の順番待ちの間に書類を（ c ）てしまうことなどの危険な状態が挙げられる。このため、社内で処理をする場合は、シュレッダーのスペックをある程度確保する必要がある。

ア：(a) 記憶容量の不足

(b) 溶解処理

(c) 長時間放置し

イ：(a) 記憶容量の不足

(b) 一般ごみとして廃棄

(c) 書き換え

ウ：(a) 処理できる容量の不足

(b) 溶解処理

(c) 書き換え

エ：(a) 処理できる容量の不足

(b) 一般ごみとして廃棄

(c) 長時間放置し

3. 情報セキュリティ対策を講じるにあたり、従業員に対し情報セキュリティに関する教育を行う。情報セキュリティ教育は、情報セキュリティポリシを周知徹底することや、情報セキュリティの脅威と対策を理解させることだけではなく、コンプライアンスの観点からも重要となり、（ a ）に、（ b ）行う必要がある。また、教育の対象となるのは、（ c ）であり、情報セキュリティ教育の実施後は、必要な力量が持てたかどうかを確認するために、確認テストなどを実施する。

ア：(a) 継続的

(b) かつ担当者が必要と判断した場合には随時

(c) すべての従業員

イ：(a) 継続的

(b) または入社・異動から一定期間経過した後に

　　　　（c）正社員とグループ会社からの出向社員

　ウ：（a）不定期

　　　（b）かつ担当者が必要と判断した場合には随時

　　　（c）正社員とグループ会社からの出向社員

　エ：（a）不定期

　　　（b）または入社・異動から一定期間経過した後に

　　　（c）すべての従業員

4. スマートフォンの盗難・紛失対策を以下に示す。

　・パスワードによる利用者認証を設定する。

　・SIMカードの不正利用を防ぐため、（ a ）によるロックを行う。

　・キャリアで提供している、リモートからの（ b ）やデータ消去サービス、位置情報の確認サービスを利用する。

　・リモートからの（ b ）や消去などの機能を持つ、専用のアプリケーションを利用する。

　・重要なデータは、本体やセットしているmicro SDカードには、安易に保存しない。

　・重要なデータは、本体やセットしているmicro SDカード以外の、別の媒体にバックアップを取る。

　・重要なデータを保存する場合、専用のアプリケーションを利用してデータの（ c ）対策を行う。

　ア：（a）rsh　　　　　　（b）OSアップデート　　　（c）暗号化

　イ：（a）PINコード　　　（b）OSアップデート　　　（c）一元化

　ウ：（a）PINコード　　　（b）強制ロック　　　　　（c）暗号化

　エ：（a）rsh　　　　　　（b）強制ロック　　　　　（c）一元化

3 以下の文章の（ ）に当てはまる最も適切なものを、選択肢（ア～エ）から1つ選びなさい。

1. ピギーバックとは、入室を許可されていない者が、（ ）入室することである。

　ア：許可されている者の後について

　イ：許可されている者のカードキーを複製して

　ウ：許可されている者のカードキーを借りて

　エ：拾得したカードキーで

2. 守秘義務契約とは、知り得た重要な情報を第三者に漏えいさせないことなどを約束させる目的で取り交わされるものであり、非開示契約や（ア：EULA　イ：IRU　ウ：NDA　エ：RMA）などとも呼ばれる。

3. ノートパソコンなどのモバイル機器を外部に持ち出す場合は、（ ）ことなどにより、耐タンパ性を高めるようにする。

　ア：専用のインナーケースを利用して、衝撃から機器を保護する

　イ：バッテリーの残量を確認し、十分な容量を確保しておく

　ウ：ハードディスク全体に暗号化を施す

　エ：重要なデータは、階層の深いフォルダに移動する

4. 情報セキュリティ対策を、人的セキュリティ対策、物理的セキュリティ対策、技術的セキュリティ対策の3つに分類するとき、（ ）ことは、人的セキュリティ対策に該当する。

　ア：出入り業者と守秘義務契約を結ぶ

　イ：セキュリティレベルごとに部屋やフロアなどを分ける

　ウ：ノートパソコンをセキュリティワイヤーで固定する

　エ：ログ等の定期的な分析により不正アクセス等を検知する

4 **次の問いに対応するものを、選択肢（ア～エ）から1つ選びなさい。**

1. IPAの「中小企業における組織的な情報セキュリティ対策ガイドライン」における「情報セキュリティに対する組織的な取り組み」に関する記述のうち、誤っているものはどれか。

ア：管理すべき重要な情報資産を区分する。また、情報資産の管理者を定め、重要度に応じた情報資産の取り扱い指針を定めること。さらに、重要な情報資産を利用できる人の範囲を定めること。

イ：重要な情報については、入手、作成、利用、保管、交換、提供、消去、破棄における取り扱い手順を定める。また、各プロセスにおける作業手順を明確化し、決められた担当者が、手順に基づいて作業を行っていること。

ウ：従業者（派遣を含む）に対し、セキュリティに関して就業上何をしなければいけないかを明示する。また、在職中の機密保持義務を明確化するため、プロジェクトへの参加時など、具体的に企業機密に接する際に、退職時まで有効とする機密保持義務も含む誓約書を取ること。

エ：重要なコンピュータや配線は地震などの自然災害や、ケーブルの引っ掛けなどの人的災害が起こらないように配置・設置する。また、重要なシステムについて、地震などによる転倒防止、水濡れ防止、停電時の代替電源の確保などを行っていること。

2. アンチパスバック機能の具体例に関する記述のうち、正しいものはどれか。

ア：社員Aと社員Bが入室する際、社員AがIDカードで認証し、社員Bは共連れで入室した場合に、社員BのIDカードでは退出できない。

イ：社員Aと社員Bが入室する際、社員Aと社員Bの2人で入室しなければならず、退出時も1人を残して退出できず2人同時でないと退出できない。

ウ：入室ゲートが二重扉になっていて、社員Aが1つ目の扉に入りさらに2つ目の扉を出たときに、社員Bが1つ目の扉に入ることができる。

エ：社員Aが入室時には社員Bは入室できず、社員Aが退出した後に社員Bが入室できる。

解答・解説

1 1. ○   2. ○   3. ○   4. ×   5. ○   6. ×
    7. ○   8. ×   9. ○   10. ×

解説

1. スキャベンジングと呼ばれる場合もあります。

4. 説明文は、コールドサイトではなく「ホットサイト」に関するものです。

5. FinTechとは、金融（Finance）と技術（Technology）を組み合わせた造語で、金融サービスと情報技術を結びつけたさまざまな革新的な動きを指します。

6. パソコンなどと同様にOSのアップデート（更新）が必要です。古いOSを使っていると、不正プログラム感染の危険性が高くなるため、更新の通知が来たら逐次インストールします。

8. 情報システムにおけるフェールセーフとは、故障時にはシステムを停止させるなどの安全な状態にさせる技術、または考え方です。機器が故障しても一部の機能を減らして運転を続ける技術、または考え方は「フェールソフト」です。

10. 停電の対策として、瞬電に対応するためにUPSを準備しておく必要があります。また、一時的な電圧低下の対策として「CVCF」も併用すると、可用性の向上を期待できます。なお、UPSによる長時間の電力供給は難しいため、障害が長時間に及ぶ場合に対応できるように発電機も併せて用意することが求められます。

2 1. ア   2. エ   3. ア   4. ウ

解説

1. MDMは、携帯端末を監視・管理する手法またはツールのことです。EMMは、携帯端末の業務利用においてデータの管理などを統合したもので、従業員の私物の端末を業務に持ち込んで利用するBYODの利用形態でも対応することができます。

2. シュレッダーが一度に処理できる量が少ないと、シュレッダーが活用されずに書類が一般ごみとして廃棄されてしまうことがあります。また、シュレッダーの利

用に時間がかかるために、順番待ちの間に書類を長時間放置し、その間に情報が関係のない第三者の目に触れるという危険もあります。

3. 情報セキュリティ教育は、すべての従業員に対して、継続的にまた必要に応じて実施する必要があります。また、その有効性を担保するためにテストを実施することもあります。

4. スマートフォンには、重要な情報が数多く保存されている可能性が高いため、盗難・紛失時にはSIMカードの不正利用を防ぐためのロックを行ったり、データの暗号化が必要になります。

3 1. ア　　2. ウ　　3. ウ　　4. ア

解説

2. 守秘義務契約はNDA（Non-Disclosure Agreement）と呼ばれます。また、EULAは使用許諾契約、IRUは通信回線の賃借契約の1つ、RMAは返品保障のことです。

3. モバイル機器を外部に持ち出す場合は紛失や盗難の可能性があるため、ハードディスクに暗号化を施すなどして物理的もしくは論理的に内部情報を読み取られる可能性を減らします。

4. イとウは物理的セキュリティ、エは技術的セキュリティに分類されます。

4 1. ウ　　2. ア

解説

1. 在職中および退職後の機密保持義務を明確化するため、プロジェクトへの参加時など、具体的に企業機密に接する際に、退職後の機密保持義務も含む誓約書を取る必要があります。

2. アンチパスバック機能により、正当に入室していなければ退出できなくなります。

CHAPTER

脅威と情報
セキュリティ対策②

情報資産に対する脅威として、コンピュータや
インターネットを利用する際の脅威、外部から
の攻撃、電子媒体の利用に関する脅威がありま
す。どのような脅威かを具体的に把握し、そ
の対策について理解しましょう。

Ⅲ-1　コンピュータ利用上の脅威

ネットワークなど外部と接続していない場合でも、コンピュータを使用しているときにはさまざまな脅威があります。コンピュータを使用する際に考えられる脅威と管理上の注意点について学習しましょう。

KEYWORD

□不正侵入	□パスワード管理	□ユーザID	□パスワード
□辞書攻撃	□ブルートフォース攻撃	□リバースブルートフォース攻撃	
□オフライン攻撃	□ソーシャルエンジニアリング		
□なりすまし	□スキャベンジング	□ショルダーハッキング	

パスワード管理

　情報セキュリティに対する**脅威**には盗聴や情報漏えいなどさまざまなものがあります。これらの脅威が現実のものとなるのは**不正侵入**がきっかけとなるケースがほとんどです。不正侵入をさせないためにはまず、正しい**パスワード管理**を行う必要があります。

◎ユーザIDとパスワードの管理

　コンピュータにログインするためのユーザIDやパスワードには大きな**脆弱性**があります。そのため、ユーザIDとパスワードの管理には十分な注意が必要です。特に次の点に注意して随時設定の変更を行いましょう。

- ユーザIDやパスワードを共有させない。
- ユーザIDごとにパスワードを設定する。
- 適切な長さを持つパスワードを設定する。
- 類推しにくい文字列のパスワードを設定する。
- パスワードを定期的に変更する。
- パスワードを紙などに記録しない。
- 初期パスワードを速やかに変更する。

◎ パスワードに対する脅威

パスワードを悪用されると、コンピュータへの不正侵入やデータの破壊などにつながります。悪意のある第三者は、次のような方法でパスワードの取得や不正アクセスを試みます。

1. 辞書攻撃

パスワードになりそうな文字列や辞書に載っている単語を順にあてはめていき、パスワードを推測する手法のことです。

2. 総当たり（ブルートフォース）攻撃

パスワードの文字列として考えられるすべての組み合わせを順に試していき、パスワードを破ろうとする手法です。

3. 逆総当たり（リバースブルートフォース）攻撃

パスワードを固定し、利用者IDを次々に変えてログインを試すことで、当該パスワードを使用している利用者として不正にログインする攻撃手法のことです（**図III-1-1**）。

▼ 図III-1-1　逆総当たり（リバースブルートフォース）攻撃

パスワード "admin"
利用者 ID "U0001" ⇒ 失敗

パスワード "admin"
利用者 ID "U0002" ⇒ 失敗

パスワード "admin"
利用者 ID "U0003" ⇒ 失敗　……　パスワード "admin"
利用者 ID "U4189" ⇒ 成功

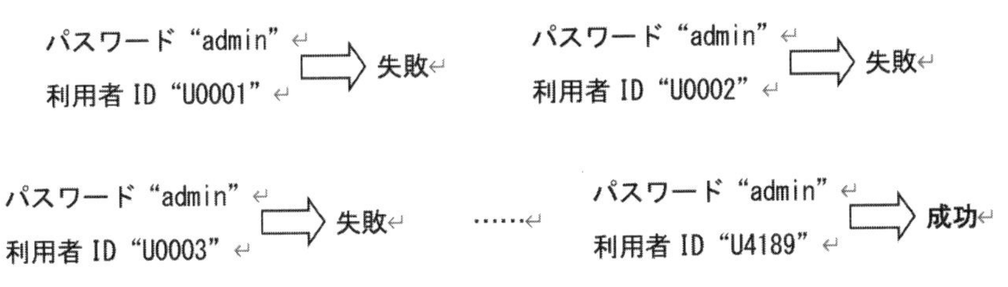

4. パスワードリスト攻撃

Webサイトから流出した利用者IDとパスワードのリストを用いて、他のWebサイトに対してログインを試行する攻撃です。

利用者は、複数のWebサービスに対してそれぞれ異なるパスワードでログインするのをわずらわしく感じて、同じ利用者IDおよび同じパスワードを使いまわす傾向があります。あるWebサービスのサイトから利用者IDとパスワードが流出すると、同じ利用者が使っている別のWebサービスに、そのパスワードでログインできる可能性が高くなります。

5. スニッフィング

ネットワーク上のパケットを盗聴する行為のことです。この行為によって、パケットに含まれるパスワードを読み取ることでパスワードを知ることができます。

6. オフライン攻撃

パスワードを格納しているファイル、もしくはパスワードがかけられているファイルを入手して、それを攻撃者のコンピュータにコピーしてパスワードを破ろうとする手法です。

◎ ソーシャルエンジニアリング

技術的な攻撃をしかけるのではなく、パスワードを知る人間やその周辺から何とかパスワードを得ようとする手法です（図Ⅲ-1-2）。たとえば、次のようなものがあります。

- 外部から上司や家族などの知り合いになりすまして電話をかけてパスワードや機密情報を聞き出す（**なりすまし**）。
- ごみ箱をあさるなどして破棄した書類やメモから情報を収集する（**スキャベンジングまたはトラッシング**）。
- パスワードを入力している様子を背後からのぞいてパスワードを記憶する（**ショルダーハッキング**）。

▼ **図Ⅲ-1-2　ソーシャルエンジニアリング（なりすまし）の例**

III-2 　コンピュータの不正利用などの対策

コンピュータの不正利用などに対しては、ユーザIDとパスワードの管理、アクセス権限の管理、ログの管理、バックアップ、RAIDなどの対策を講じます。

KEYWORD

- □ユーザID
- □パスワード
- □シングルサインオン
- □アクセス管理
- □非武装セグメント
- □DMZ
- □ログ
- □バックアップ
- □リストア
- □フルバックアップ
- □差分バックアップ
- □RAID

ユーザIDとパスワードの管理

　ユーザIDやパスワードを悪用されると、コンピュータへの不正侵入やデータの破壊などにつながります。そのため、ユーザIDやパスワードの管理は適切に行う必要があります。

　特に、管理者権限を与えられたユーザIDやパスワードはより厳重に管理しなければなりません。そのため、ユーザIDやパスワードの管理を1人だけではなく複数の人で担当する場合があります。これは、特定の人に権限が集中しないようにするためだけでなく、複数の担当者による相互牽制効果によって不正などが起こりにくくなるからです。

◎シングルサインオン

　関連する複数のサーバやアプリケーションなどにおいて、いずれかで認証手続きを一度だけ行えば、関連する他のサーバやアプリケーションにもアクセスできること、またはそれを実現するための機能を**シングルサインオン**（SSO：Single Sign-On）といいます。

　シングルサインオン機能を導入すると、利用者は複数のIDやパスワードを覚えておく必要がなくなります。また、アクセス管理を厳密に実施できるようになるため、より高いセキュリティを実現することが可能になります。

バックアップ

　不正侵入の結果、データの改ざんや破壊などが行われた場合には、不正侵入前の状態になるようにデータを元に戻さなければなりません。そのため、ログ以外にもコンピュータシステム上で利用していたデータを定期的に**バックアップ**する必要があります。不正侵入やシステム障害が発生した場合には、バックアップしたデータを**リストア**し、システムの復旧を行います。

　バックアップ方法には、フルバックアップと差分バックアップなどがあります。

◎フルバックアップ

　文字どおりシステム上のすべてのデータをバックアップすることです。システムで利用しているデータの量によっては、非常に長い時間がかかることがあります。

◎差分バックアップ

　フルバックアップを行った後に変更されたデータのみをバックアップの対象とします。変更されたデータのみをバックアップするため、フルバックアップに比べ時間がかかりません。差分バックアップは、フルバックアップと併用して行います。リストアを行う場合は、最後に行ったフルバックアップのデータとその後の差分バックアップのデータを組み合わせて復元します。

RAID

　RAID（Redundant Arrays of Inexpensive/Independent Disks）とは、複数の磁気ディスク装置を組み合わせてデータの信頼性の向上と高速化を図る方法のことです（**図Ⅲ-2-1、図Ⅲ-2-2**）。RAIDには、次の種類があります。

◎RAID 0（ストライピング）

　RAID 0では、複数台のハードディスクにデータを分散して書き込みます（**ストライピング**）。これによって処理時間の高速化を図りますが、冗長性がないため、耐故障性はありません。

◎RAID 1（ミラーリング）

　RAID 1では、複数台のハードディスクに同時に同じ内容を書き込みます（**ミラーリング**）。そのため、耐故障性が高くなります。

◎ RAID 2

RAID 2では、**ハミング符号**を使用してエラー訂正を可能にします。ビット単位でストライピングを行う方式です。

◎ RAID 3

RAID 3は、**パリティ**による誤り訂正を可能とした方式です。RAID 3でもビット単位でストライピングを行います。そのため、1台の故障であればデータを復元することが可能です。

◎ RAID 4

RAID 4は、ストライピングをブロック単位で行い、入出力処理の効率を改善しています。RAID 3と同様に、1台の故障であればデータを復元することができます。

◎ RAID 5

RAID 3とRAID 4では、別のディスクにパリティを書き込む時間が問題となります。**RAID 5**は、複数のハードディスクにデータとパリティを分散して記録することでこの問題を回避します。RAID 3とRAID 4と同様に、1台の故障であればデータを復元することができます。

◎ RAID 6

訂正情報を2つ作成して、すべてのディスクに訂正情報を分散して保存します。RAID 5では2台のディスクが同時に故障するとデータが失われますが、RAID 6では2台のディスクが同時に故障してもデータが失われないようになります。

◎ RAID 0+1

ディスクストライピングを用いて構成したRAID 0のディスク群を2つ分用意して、ミラーリングします。

◎ RAID 1+0

ミラーリングを用いて構成したRAID 1のディスク群を2つ分用意して、ディスクストライピングでアクセスを分散します。

▼図Ⅲ-2-1　RAIDの例①

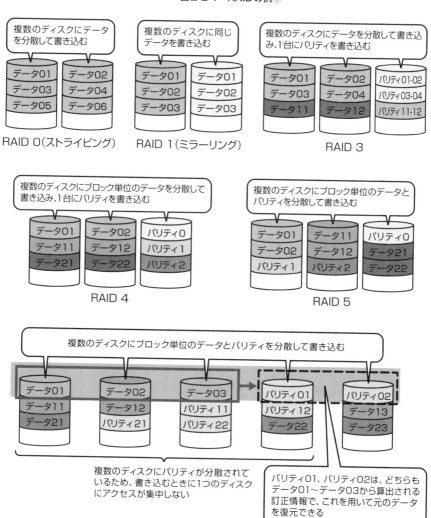

複数のディスクにデータを分散して書き込む

データ01　データ02
データ03　データ04
データ05　データ06

RAID 0（ストライピング）

複数のディスクに同じデータを書き込む

データ01　データ01
データ02　データ02
データ03　データ03

RAID 1（ミラーリング）

複数のディスクにデータを分散して書き込み、1台にパリティを書き込む

データ01　データ02　パリティ01-02
データ03　データ04　パリティ03-04
データ11　データ12　パリティ11-12

RAID 3

複数のディスクにブロック単位のデータを分散して書き込み、1台にパリティを書き込む

データ01　データ02　パリティ0
データ11　データ12　パリティ1
データ21　データ22　パリティ2

RAID 4

複数のディスクにブロック単位のデータとパリティを分散して書き込む

データ01　データ11　パリティ0
データ02　データ12　データ21
パリティ1　パリティ2　データ22

RAID 5

複数のディスクにブロック単位のデータとパリティを分散して書き込む

データ01　データ02　データ03　パリティ01　パリティ02
データ11　データ12　パリティ11　パリティ12　データ13
データ21　パリティ21　パリティ22　データ22　データ23

複数のディスクにパリティが分散されているため、書き込むときに1つのディスクにアクセスが集中しない

パリティ01、パリティ02は、どちらもデータ01〜データ03から算出される訂正情報で、これを用いて元のデータを復元できる

RAID 6

▼ 図III-2-2　RAIDの例②

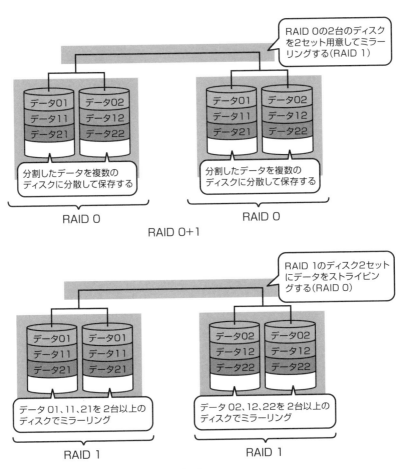

Ⅲ-3 インターネット利用に関する脅威

インターネットは便利なツールとしてさまざまな場面で使用されています。しかし、その
しくみには大きな問題があり、インターネットを使用する場合の脅威は年々増大していま
す。

<table>
<tr><td colspan="3">KEYWORD</td></tr>
<tr><td>□盗聴</td><td>□漏えい</td><td>□改ざん</td></tr>
<tr><td>□なりすまし</td><td>□ポートスキャン</td><td>□迷惑メール</td></tr>
<tr><td>□攻撃メール</td><td>□フィッシング</td><td>□マルウェア</td></tr>
<tr><td>□コンピュータウイルス</td><td>□ワーム</td><td>□トロイの木馬</td></tr>
<tr><td>□バックドア</td><td>□ボット</td><td>□ランサムウェア</td></tr>
<tr><td>□ドライブバイダウンロード</td><td>□スパイウェア</td><td>□キーロガー</td></tr>
<tr><td>□水飲み場型攻撃</td><td>□MITB攻撃</td><td>□レインボー攻撃</td></tr>
</table>

情報への不正アクセスの脅威

インターネットなどのネットワークを介してやりとりする情報に対しては、盗聴
や漏えいといった脅威が存在します。

◎盗聴

盗聴とは、ネットワーク上の情報を盗み取ることをいいます（図Ⅲ-3-1）。たと
えば、ネットワークを介してサーバにログインする際のIDやパスワードを盗聴に
より入手すれば、これらの情報をもとに不正侵入攻撃を行うことが可能になります。

▼ 図Ⅲ-3-1　盗聴の例

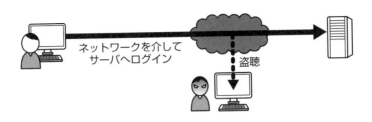

◎漏えい

漏えいとは、不正アクセスや盗聴などにより、サーバに保存されている機密情報やネットワーク上の情報を不正に入手することです。また、プログラムのミスやシステムの管理上の不具合により、まったく関係のない第三者に情報が渡される場合もあります。

情報の漏えいによって、情報資産の機密性が侵害されることになります。

◎改ざん

改ざんとは、故意にファイルやデータを変更したり削除したりする行為のことです。改ざんの対象としては、Webページ、ログファイル、パスワードファイル、設定ファイルなどが考えられます。改ざんにより、情報資産の完全性や可用性が侵害されることになります。

◎なりすまし

なりすましとは、外部から本人ではない第三者が本人と称して通信などを実施することです（図Ⅲ-3-2）。なりすましによって、機密情報への不正アクセス、情報の漏えいや改ざんなどの危険性が高まります。なりすましによる被害は機密性の侵害にあたります。

◎ポートスキャン

ポートスキャンとは、攻撃対象となるサーバに対してポート番号を順番にアクセスしていき、サーバのOSやサービスとして提供しているアプリケーションなどに脆弱性がないかどうかを調べる行為のことです。ポートスキャンが行われていると、同じユーザやIPアドレスから断続的に何度もアクセスしてくることになるため、アクセスログを確認する際にはアクセス数が異常に多いユーザに注意が必要です。

▼図Ⅲ-3-2 なりすましの例

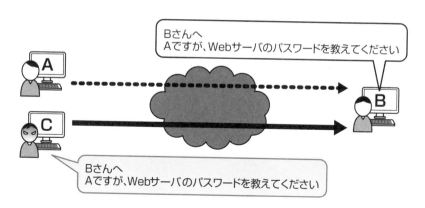

電子メールの脅威

　電子メールの送受信は、次のような流れで行われます（**図Ⅲ-3-3**）。送信側のク
ライアントからメールサーバまでとメールサーバ間では、SMTPというプロトコル
が使われます。受信側のメールサーバにメールが届くと、受信側のクライアントが
メールサーバにPOP（IMAPを使用することもある）というプロトコルでアクセス
し、認証を受けてからメールを取り出します。

▼図Ⅲ-3-3 メールが送信者から受信者に届くまでの流れの例

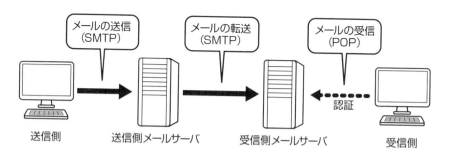

　電子メールには、**盗聴**や他人への**なりすまし**などの脅威が存在します。また、悪
意の第三者によるSMTPサーバの不正利用により、**迷惑メール**や**攻撃メール**の発
信元となる可能性もあります。

フィッシング

　金融機関やクレジットカード会社などからの正規のメールやWebサイトを装って、暗証番号やクレジットカード番号などを詐取する詐欺のことを**フィッシング**（phishing）といいます。「釣り」を意味する「fishing」が語源ですが、偽装の手法が洗練されている「sophisticated」という意味を含め、phishingという表記になったという説があります。

　代表的な手口は、送信者名を金融機関や有名サイトの窓口などのアドレスにしたメールを無差別に送りつけ、本文には個人情報を入力するよう促す案内文やWebページへのリンクを載せるというものです（図Ⅲ-3-4）。リンクをクリックするとその金融機関の正規のWebサイトと個人情報入力用のポップアップウィンドウが表示されます。メインウィンドウに表示されるサイトは正規のサイトですが、ポップアップページはメールの送信者が作成した別のサイトです。そのため、正規のページを見て安心したユーザがポップアップページの入力フォームに暗証番号やクレジットカード番号などの機密情報を入力して送信した結果、メールの送信者に情報が送られることになります。

▼ **図Ⅲ-3-4　フィッシングを目的とした悪質なメールの例**

From:○○サイト
Subject:○○サイト　システム利用料未納のお知らせ

システム利用料未納のお知らせ

月末までのシステム利用料が、指定された口座またはご登録クレジット会社より引き落とすことができませんでした。
システムご利用明細を確認後、指定された口座へのご入金、または、クレジット残高のご確認をお願いいたします。
ご入金の確認がとれない場合、○○サイトIDのご利用を停止させていただく場合がございます。

=============================
システムご利用明細の確認手順
=============================
以下の手順に従ってログインを完了してください。
1. まず、下記のログイン画面を開いてください。
　　ログイン画面
　　http://61.xxx.yyy.zzz/bank/pay.html
2. 次に○○ IDとパスワードを入力してログインしてください。
3. ログイン後、暗証番号（セキュリティキー）を入力してください。
4. 請求明細にてご確認いただけます。

マルウェアの脅威

マルウェアは、利用者に気づかれないようにひそかにコンピュータに侵入して、何らかのきっかけにより動作する悪質なプログラムの総称です。コンピュータウイルス以外にも悪意（マル＝maricious）あるソフトウェアがさまざま存在するようになったので、このような名称になりました。

メールをやりとりしたり、インターネット上からファイルをダウンロードしたり、他のコンピュータとデータを共有したりすることでマルウェアに感染する危険が生じます。マルウェアの行為は、勝手にメールを送信する、ハードディスク内のデータを破壊する、外部からコンピュータを操作可能にするなど、さまざまです。

◎コンピュータウイルスに関する法律

刑法には、『不正指令電磁的記録に関する罪（いわゆるコンピュータ・ウイルスに関する罪）』があります。

【刑法第百六十八条の二】
「正当な理由がないのに、人の電子計算機における実行の用に供する目的で、次に掲げる電磁的記録その他の記録を作成し、又は提供した者は、三年以下の懲役又は五十万円以下の罰金に処する。
一　人が電子計算機を使用するに際してその意図に沿うべき動作をさせず、又はその意図に反する動作をさせるべき不正な指令を与える電磁的記録
二　前号に掲げるもののほか、同号の不正な指令を記述した電磁的記録その他の記録
2　正当な理由がないのに、前項第一号に掲げる電磁的記録を人の電子計算機における実行の用に供した者も、同項と同様とする」
【刑法第百六十八条の三】
「正当な理由がないのに、前条第一項の目的で、同項各号に掲げる電磁的記録その他の記録を取得し、又は保管した者は、二年以下の懲役又は三十万円以下の罰金に処する」

◎マルウェアの種類

マルウェアの中には、他のプログラムに感染する習性を持たず、プログラム自身がユーザの意図しない行動をする不正プログラムもあります。

1. ワーム

ワームは、ネットワークを通じて他のコンピュータに伝染することを目的とした

不正プログラムです。メールの添付ファイルとして自動的に自分自身のコピーを拡散させるものやネットワークを利用して次々に感染していくものなどがあります。

2. トロイの木馬

　トロイの木馬はコンピュータシステムのセキュリティを回避するよう設計されたプログラムですが、一見無害なプログラムを装います。トロイの木馬には、別のプログラムを装ってセキュリティ対策を回避したり、プログラムのソースコードのコピーを利用してバックドアを開けたりセキュリティ侵害を行ったりするものがあります。

3. ボット

　ボットは、インターネットを通じてコンピュータを外部から操るソフトウェアです。ボットに感染したコンピュータは、外部からの指示に従って不正な処理を実行します。この動作がロボットに似ているところから、ボットと呼ばれます。

　同一の指令サーバの配下にある複数のボットはボットネットワークといい、指令サーバの指示で動作を開始します（**図Ⅲ-3-5**）。ボットネットワークがフィッシングなどを目的としたスパムメールの大量送信や特定サイトへの一斉攻撃などに利用されると、非常に大きな脅威となります。

▼ 図Ⅲ-3-5　ボットの例

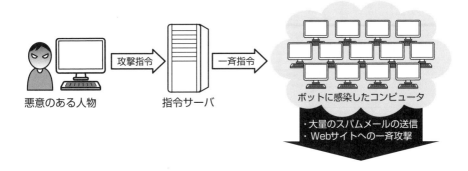

4. ランサムウェア

　感染すると、被害者のPC内のファイルを勝手に暗号化（ファイル暗号化型）したり、PCを操作できなくする（端末ロック型）マルウェアです。その後、「ファイルを元に戻したければこの金額を払え」などの、ファイルなどを"人質"にして被害者を脅迫して元に戻すための代金を払わせようとします。

5. ドライブバイダウンロード攻撃

攻撃用のWebページに不正なスクリプトを仕掛けて、利用者を誘ってWebブラウザで閲覧させます。Webブラウザ上で稼働した不正なスクリプトは、利用者の意図を確認しないまま、利用者のPCに密かに不正プログラムを転送して、インストールおよび実行させます。この不正プログラムは、コンピュータ内の機密情報を外部に流出させるなどの不正を働きます（**図Ⅲ-3-6**）。

▼ **図Ⅲ-3-6　ドライブバイダウンロード攻撃**

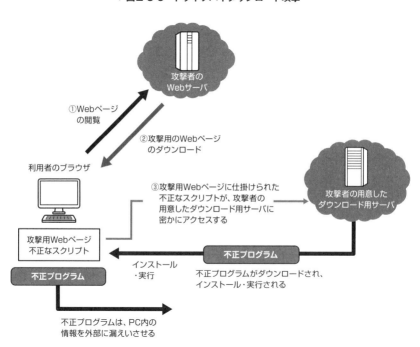

6. スパイウェア

スパイウェアとは、ユーザの意図に反してひそかにインストールされ、コンピュータに保存されている個人情報やアクセス履歴などの情報を収集するプログラムのことです。無償のソフトウェアとともに配布され、ユーザが気づかないうちにインストールされることが多いので注意が必要です。

7. キーロガー

キーロガーとは、システムの動作テストや自動実行のためにキー入力情報を記録

するソフトウェアのことです。ユーザが正当に利用する限りにおいては何も問題はありません。しかし、キーロガーによって記録された情報をコンピュータのバックドアやリモートアクセス機能を利用して送信するなど、スパイウェアとして悪用されることがあります。

8. バックドア

　サーバなどに不正侵入した攻撃者が、再度当該サーバに容易に侵入できるようにするために、OSなどに密かに組み込んでおく通信用プログラムのことです。

9. 水飲み場型攻撃

　RSAセキュリティ社が2012年に公表した標的型攻撃の一種です。

①攻撃者は、攻撃対象の利用者がWebを利用する様子を観察し、その利用者が業務のために毎日アクセスしているような、頻繁にアクセスするWebサイトを特定する（**図Ⅲ-3-7**）。

▼ **図Ⅲ-3-7　水飲み場型攻撃①**

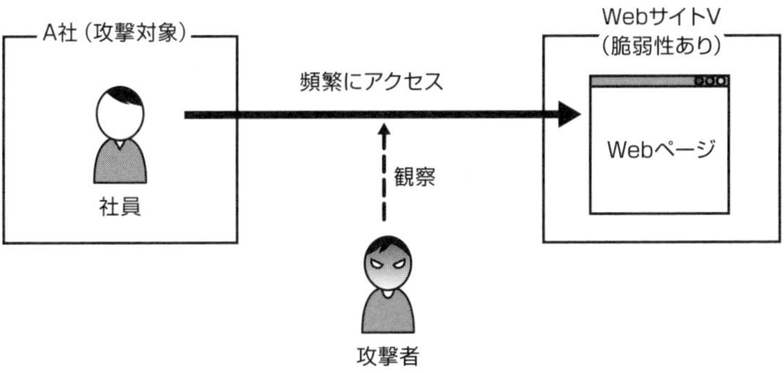

②攻撃者は、攻撃対象の利用者が頻繁にアクセスするWebサイトを改ざんして、攻撃用のコードを埋め込み、その利用者がアクセスしたときだけマルウェアをダウンロードするように設定する（**図Ⅲ-3-8**）。

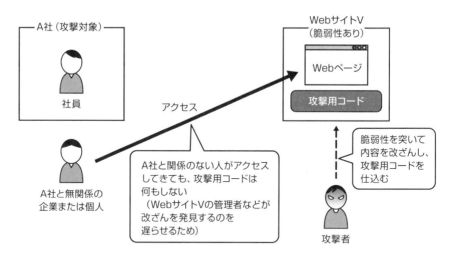

▼ 図Ⅲ-3-8　水飲み場型攻撃②

③攻撃対象の利用者が②のWebサイトにアクセスすると、攻撃が行われてマルウェアがダウンロードされる（**図Ⅲ-3-9**）。

▼ 図Ⅲ-3-9　水飲み場型攻撃③

10. MITB（Man-in-the-Browser）攻撃

インターネットバンキングサイト上で利用者が振込操作を行うとき、マルウェアが操作内容を改ざんすることで、振込金額を詐取しようとする攻撃です。

①攻撃者は、対象者のPCにマルウェアを感染させる。

②対象者がブラウザを使用してインターネットバンキングサイトにログインすると、マルウェアはその通信を検知し、ブラウザを乗っ取る（**図Ⅲ-3-10**）。

▼**図Ⅲ-3-10　MITB攻撃①**

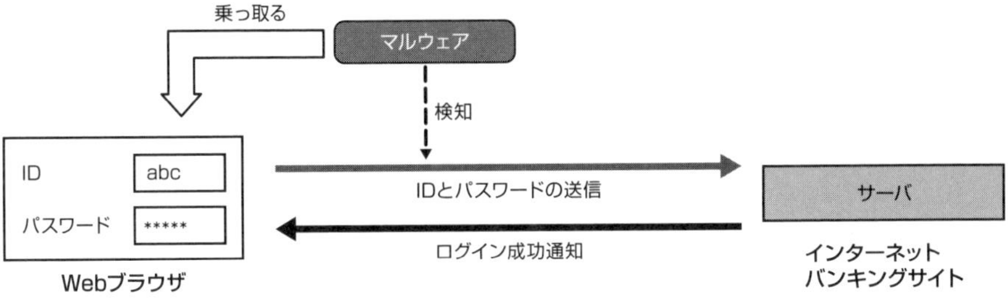

③対象者が、Webブラウザでインターネットバンキングサイトの振込画面を開き、振込先口座番号や振込金額を入力すると、マルウェアはその通信の振込先口座番号や振込金額を書き換えて、インターネットバンキングサイトのサーバに送信する（**図Ⅲ-3-11**）。その結果、攻撃者の口座番号に送金されてしまう。

▼**図Ⅲ-3-11　MITB攻撃②**

④ ③の振込処理が完了し、インターネットバンキングサイトのサーバが振込完了画面のデータをWebブラウザに返信すると、マルウェアはその通信を改ざんして、対象者が入力していた振込先口座番号や振込金額に書き換える。また、対象者の口座の残額も改ざんする（**図Ⅲ-3-12**）。その結果、Webブラウザの振込完了画面には対象者が入力した正しい口座番号などが表示されるので、攻撃に気づけない（この書き換えを行わないと、利用者が容易に攻撃に気づいてしまう）。

▼図Ⅲ-3-12　MITB攻撃③

11. レインボー攻撃（ハッシュ値からパスワードを推測）

　サーバ上で利用者のパスワードをそのまま保管すると、そのファイルが盗み読まれてパスワードが知られる危険性が高いので、パスワードをMD5などのハッシュ関数にかけて得たハッシュ値を保管するのが一般的です。しかし、ハッシュ値から元のパスワードを特定する方法もあるため、ハッシュ値のファイルが盗まれると、攻撃者にパスワードを知られる危険性が高くなります。

　たとえば6文字の数字列のパスワードは、「000000」「000001」……「999998」「999999」の100万通りしかありません。あらかじめ、これらの全パスワードから出力されるすべてのハッシュ値を求めてパスワードとともに配列に格納した後、目標のハッシュ値を配列から検索することで、元のパスワードを特定できます（図Ⅲ-3-13）。

▼図Ⅲ-3-13　ハッシュ値からパスワードを特定

パスワード	ハッシュ値
000000	a4kO09
000001	1MFjh8
:	:
134567	pBv3Sa
:	:
999999	xOks81

先頭から
順に検索

pBv3Sa
目標のハッシュ値

入手

攻撃者

一致

pBv3Saというハッシュ値は、
134567というパスワードから
出力されたと判明する

Ⅲ-4　インターネットの不正利用対策

インターネットを利用する際には、盗聴や情報の漏えい、不正利用やなりすまし、コンピュータウイルスなど数多くの脅威があります。それぞれの脅威への対策を立てるために必要な技術について学習しましょう。

> **KEYWORD**
>
> □暗号技術　　　　　　□ファイアウォール　　　□パケットフィルタリング
> □鍵付きハッシュ関数　□HMAC　　　　　　　　□ソルト

盗聴や情報の漏えいの対策

　盗聴や情報の漏えいの防止は難しいことです。そのため、万が一盗聴や情報の漏えいが発生してもその内容を判別できないようにするために暗号が使用されます。暗号技術の利用は、ネットワーク上を流れるデータやハードディスク内のデータなどの情報の漏えいや盗聴の防止に効果を発揮します。

ファイアウォール

　ファイアウォールとは、内部と外部でやりとりするパケットのフィルタリングを行う装置のことです。ファイアウォールでは、次のようなフィルタリング機能を利用し、不正と思われるパケットを遮断します。

1. パケットフィルタリング

　パケットフィルタリングとは、パケットのヘッダ部分の情報を読み取り、それぞれのポートへの通過を許可するかどうかを判断する機能です（**図Ⅲ-4-1**）。

▼ 図Ⅲ-4-1　パケットフィルタリングの例

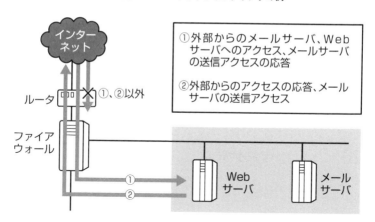

NOTE

パケットフィルタリングのうち、パケットの状態までチェックできる機能をステートフルインスペクションといいます。その機能により、IPスプーフィング（なりすまし）の検知が可能になります。

鍵付きハッシュ関数

　あらかじめハッシュ値とパスワードの対応表を用意するレインボー攻撃への対策として、**鍵付きハッシュ関数**を利用する方法があります。

　鍵付きハッシュ関数は、入力データに秘密鍵を連結した文字列から生成したハッシュ値を出力します。

　仮に、鍵付きハッシュ関数が出力したハッシュ値から元のデータを特定できたとしても、元のデータはパスワードそのものではなく、パスワードと秘密鍵とを連結したものです。秘密鍵の内容がわからない限り、ハッシュ値から求めた元のデータのどの部分がパスワードかを特定することはできません。

◎ HMAC（Hash-based Message Authentication Code）

　鍵付きハッシュ関数の1つで、元のデータに**ソルト**（パスワードに付加するランダムな文字列）を合わせたもののハッシュ値を生成します（**図Ⅲ-4-2**）。

▼図III-4-2　鍵付きハッシュ関数 HMAC

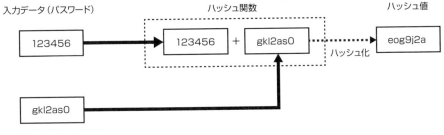

　ソルトの内容がわからないと、ハッシュ値から求めた元のデータのどの部分がパスワードかを特定することはできません。また、パスワードにソルトを付加することで元のデータが長くなり、かつ文字の種類も多くなるため、攻撃者が用意しなければならない対応表（配列）の要素数が飛躍的に増加します。これにより、元のパスワードの特定を困難にします。

III-5　電子媒体の利用に関する脅威

私たちは日常的にあらゆる電子媒体をデータの保存に利用します。ここでは、よく利用する電子媒体の種類と、それを利用する際に考えられる脅威について学びます。

KEYWORD

□磁気テープ	□LTO	□磁気ディスク
□ハードディスク	□フラッシュメモリ	□USBメモリ
□SDメモリカード	□SSD	□光ディスク
□CD-ROM	□CD-R	□CD-RW
□DVD-ROM	□DVD-R/DVD+R	□DVD-RW/DVD+RW
□BD-ROM	□BD-R	□BD-RE

電子媒体の種類

　通常業務に利用する電子媒体には、磁気テープ、磁気ディスク、フラッシュメモリ、CD、DVD、BDなどがあります。

◎磁気テープ

　磁気テープは、シーケンシャルな書き込みや読み取り専用に使用される外部記憶媒体です。他の外部記憶装置よりアクセス時間が遅いですが、ビットあたりの単価は安くなります。主に、データのバックアップなどの用途に使用されます。かつてはDLT（Digital Linear Tape）やDDS（Digital Data Storage）といったさまざまな磁気テープ装置が利用されていましたが、現在の主流は**LTO**（Linear Tape-Open）です。最新のLTO規格（第8世代）では、最大12TBのデータを記録することができます。

◎磁気ディスク(ハードディスク)

　磁気ディスクは、磁気を使用してデータの書き込みや読み取りを行う外部記憶媒体で、ランダムなアクセスが可能です。また、記録密度を変化させているため、内側と外側のトラックで同じ量のデータを書き込むことができます。

　ハードディスクは、多くのコンピュータに搭載されており、OS（プログラム）

やデータの格納に使用されます。外付タイプのハードディスクもあります。

◎フラッシュメモリ

フラッシュメモリは、読み取りと書き換えが可能であり、電源を切ってもデータが消えない不揮発性の半導体メモリです。ただし、書き換え回数が限られているため、注意する必要があります。

1. USBメモリ

USBメモリはインタフェースにUSBを用いてデータの読み書きを行う記憶装置です（**図Ⅲ-5-1左**）。USB Mass Storage Class対応の機器とOSがあれば、使用することが可能になります。

2. SDメモリカード

SDメモリカードは、デジタルカメラや携帯電話などに用いられるフラッシュメモリです（**図Ⅲ-5-1右**）。サイズの異なるminiSDカードやmicroSDカードなどがあります。

▼図Ⅲ-5-1　USBメモリ（左）とSDカード（右）の例

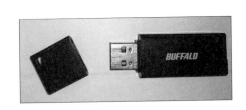

3. SSD

SSD（Solid State Drive）はUSBメモリなどと同様の半導体素子メモリを使ったドライブのことです。大容量のデータ保存にはハードディスクが使用されてきましたが、より小さく、読み書きが高速で衝撃に強く、発熱や消費電力が少ないSSDの大容量によって、ノートパソコンやタブレット端末を中心に普及しています。

◎光ディスク

大容量の光ディスク媒体には、CD、DVD、BDがあります。

1. CD

CD（Compact Disc）は、650Mバイトや700Mバイトなどの容量を持つディス

ク装置です。CDには、次のような種類があります。

- **CD-ROM**（CD-Read Only Memory）：音楽用のCDをコンピュータで扱えるようにした読み取り専用のCD
- **CD-R**（CD Recordable）：データを一度だけ書き込み可能（ライトワンス）にしたCD
- **CD-RW**（CD ReWritable）：データの読み取りや書き込みを複数回実行できるCD

2. DVD

DVD（Digital Versatile Disk）は、数Gバイト（4.7〜9.4Gバイトなど）の容量を持つディスク装置です。DVDには、次のような種類があります。

- **DVD-ROM**（DVD-Read Only Memory）：音楽や映像用のDVDをコンピュータで扱えるようにした読み取り専用のDVD
- **DVD-R**または**DVD+R**（DVD Recordable）：データを一度だけ書き込み可能（ライトワンス）にしたDVD
- **DVD-RW**または**DVD+RW**（DVD ReWritable）：データの読み取りや書き込みを複数回実行できるDVD

3. BD

BD（Blu-ray Disc）は、25Gバイト（1層）、50Gバイト（2層）などの大容量を持つディスク装置です。青色レーザで読み書きを行います。

- **BD-ROM**（BD-Read Only Media）：読み取り専用のBD
- **BD-R**（BD-Recordable）：ライトワンスのBD
- **BD-RE**（BD-Rewritable）：読み書きを複数回実行できるBD

電子媒体に関する脅威

電子媒体に関しては、「利用や保管」「輸送」「廃棄」の際の脅威に注意しなければなりません。

◎利用や保管に関する脅威

機密情報を収めた電子媒体を外部に持ち出したりする場合には、**盗難**や**紛失**などの脅威があります。また、フラッシュメモリなどの小さな電子媒体はポケットなどにも入ってしまい、簡単にデータやプログラムをコピーすることができるため、**情**

報流失の危険があります。携帯電話やスマートフォンに搭載されているデジタルカメラからの情報流出の可能性にも注意しなければなりません。

　また、保管状態が悪い（高温、多湿、直射日光にさらされるなど）と、媒体の劣化が早く起きたり、磁気などに弱い媒体が強い磁気によって情報を消されてしまったりという可能性もあります。電子媒体には物理的な衝撃に弱いものが多いため、注意が必要です。

◎ **輸送に関する脅威**

　電子媒体を輸送する際は、郵送したり他人任せにしたりすると直接渡したい相手に届かないことがあります。そればかりか、郵便事故により紛失したり、ポストなどに長期間放置されたりといった可能性も考えられます。そのため、配送状況を追跡できる輸送手段を用いるなどの配慮が必要です。

　また、保管の場合と同様に、物理的な衝撃に弱いものが多いため、輸送時には衝撃に強い入れ物に入れる、緩衝材を使うなどの対処をしておく必要があります。

◎ **廃棄に関する脅威**

　電子媒体を廃棄する際は、媒体を単に**フォーマット**（**初期化**）するだけでは不十分です。最近では、データを誤って消去してしまった人のために、復元ソフトウェアやデータの復元をサービスとするビジネスがあります。したがって、これらの技術を悪用して、フォーマットして消去したはずのデータが読み取られてしまう危険があります。

Ⅲ-6 電子媒体の不正利用の対策

電子媒体への脅威は、電子媒体を使用するところからそれを廃棄するまでの間存在します。その間、電子媒体の使用に制限をかけるなどのさまざまな対策が考えられます。

KEYWORD
- □電子媒体 □フラッシュメモリ □施錠 □ラベル
- □履歴 □パスワード □暗号化 □廃棄
- □フォーマット □メディアシュレッダー

電子媒体の使用に関する対策

　電子媒体には比較的サイズが小さいものが多く、**フラッシュメモリ**などの小さな電子媒体はポケットにも入れられます。そのため、持ち込まれたかどうかの判別がつかず、機密情報がひそかにコピーされるなどして情報が流失する危険があります。

　このような事態を避けるためには、コンピュータでフラッシュメモリ自体を使用できないようにするといった対策が必要です。具体的には、電子媒体への書き込みを禁止するソフトウェアの導入などが考えられます。

電子媒体の管理に関する対策

　重要な情報が収められた電子媒体は、ガラス張りではない（入っているものがわからない）、**施錠**可能な場所で管理する必要があります。また、その電子媒体に**ラベル**などをつけておくことも重要です。ラベルには、管理者の情報や機密度、作成（更新）年月日、保管期間などを記載しておくと、どのような情報が管理されているかがわかります。ラベルをつけて管理することを**ラベリング**といいます。

　電子媒体を管理する場合は、重要性の高い情報を含むものはなるべく共有して管理しないことが望まれます。また、電子媒体を持ち出す場合には持ち出しの**履歴**がわかるように記録しておかなければなりません。

電子媒体のアクセス制限

　重要な情報が収められた電子媒体にアクセスする場合には、紛失や盗難を防止する意味でも、読み取りを行う際に**パスワード**を要求するソフトウェアを導入したり、データを**暗号化**したりするといった対策も必要です。また、同様のことを電子媒体の輸送の際にも施しておくことが脅威への対策となります。

電子媒体の輸送と受け渡しに関する対策

　電子媒体の輸送については、郵便事故による紛失や盗難という脅威があります。そのため、重要な情報を含む電子媒体を送付する際は、配送状況を追跡できる特定記録郵便や宅配便などを使用する必要があります。また、送付の前には相手に到着予定日を連絡し、到着予定日には相手が確かに受け取ったことを確認する、授受確認も大切です。

　輸送途中に破損したりしないように、梱包についてもルールを決め、適切に行わなければなりません。

電子媒体の廃棄に関する対策

　電子媒体を**廃棄**する際には、電子媒体を**フォーマット**するだけでは不十分です。確実にデータを消去できるソフトウェアなどを用いてデータを消去する必要があります。これは、フォーマットを行ってもデータを復元できる可能性があるからです。電子媒体を再利用せず廃棄物として処分する場合には、CDやDVDなどの電子媒体も**メディアシュレッダー**を利用して裁断するとよいでしょう。

　また、パソコンなどを廃棄する際にもハードディスクを物理的に破壊したり、同様のソフトウェアで完全にデータを消去したりする必要があります。

III-7 外部からの攻撃の脅威

コンピュータシステムをネットワークに接続していると、外部からさまざまな方法で攻撃を受ける可能性があります。攻撃の種類と脅威について理解しておきましょう。

KEYWORD

□辞書攻撃 　　　　　　　　□ブルートフォース攻撃
□リバースブルートフォース攻撃　□パスワードリスト攻撃
□DoS攻撃／DDoS攻撃　　　□無線LAN　　　　　□MACアドレス
□ESSID　　　　　　　　　□WPA2／WPA3　　　□コンピュータウイルス
□踏み台　　　　　　　　　□不正中継　　　　　　□クッキー（Cookie）

ネットワークを使用した攻撃

コンピュータシステムをネットワークに接続している場合、外部からのさまざまな脅威が考えられます。代表的なものを説明します。

◎パスワードの推測

辞書攻撃は、辞書などに載っている単語を順にパスワードとして試していき、パスワードを推測する攻撃です。また、文字、数字、単語などのすべての組み合わせを順に試してパスワードを推測する**総当たり（ブルートフォース攻撃）**もあります。そのため、管理者用をはじめとする各種パスワードを推測しにくいものにすることはもちろん、定期的に変更することも必要です。また、最近ではありそうなパスワードを固定してIDを順に変えてアクセスする**逆総当たり（リバースブルートフォース）攻撃**でログインするケースもあります。

◎パスワードリスト攻撃

あるWebサイトから流出した利用者IDとパスワードのリストを用いて、他のWebサイトに対してログインを試行する攻撃のことです。

◎DoS攻撃／DDoS攻撃

DoS（Denial of Service）**攻撃**または**DDoS**（Distributed Denial of Service）攻

撃とは、大量のパケットをサーバに送りつけてサーバが他の処理を実行できない状態にし、正規のユーザからのアクセスを受け付けられないようにする攻撃のことです。DoS攻撃にはSYN FLOOD、LAND、TEAR DROP、Ping of Deathなどがあります。

無線LAN

最近では無線LANを使用するシステムが増加しており、その分セキュリティ上の脅威も大きくなっています。

◎無線LANの仕様

無線LANの主な仕様は、次のとおりです（**表Ⅲ-7-1**）。

▼ 表Ⅲ-7-1　無線LANの仕様

無線LANの規格	IEEE 802.11a	IEEE 802.11b	IEEE 802.11g	IEEE 802.11n	IEEE 802.11ac
周波数	5GHz	2.4GHz	2.4GHz	2.4GHz/ 5GHz	5GHz
最大実効速度	54Mbps	11Mbps	54Mbps	600Mbps	6.9Gbps
変調方式（物理層）	OFDM	CCK、 QPSKなど	OFDM、 PBCC	OFDM	OFDM
MAC層	CSMA/CA				

◎無線LANへの脅威

無線LANについては、次のような脅威が存在します。

1. MACアドレスの盗聴

無線LANでは、アクセスポイントに無線端末の**MACアドレス**を送信します。このとき、MACアドレスが暗号化されていないため、MACアドレスの盗聴によりなりすましが可能となってしまいます。

2. ESSIDの脅威

ESSID（Extended Service Set Identification）は、無線端末が接続できるアクセスポイントを識別するために使用するIDです。ESSIDも暗号化されていないために、盗聴の危険があります。また、ESSIDとして「ANY」を使用するとすべてのアクセスポイントに接続できます。これは、悪意のある第三者による不正アクセ

Ⅲ

脅威と情報セキュリティ対策②

スを許すことになりセキュリティ上望ましくないため、「ANY」による接続を拒否する設定が必要です。

3. WPA2/WPA3

無線LANで使用される暗号化方式である**WEP**（Wired Equivalent Privacy）は、暗号化に用いるビット数が少なく、鍵を推測されやすいなどの理由で、現在では使用が推奨されていません。そこでこの脆弱性を改良するために作成された、無線LANの暗号規格やプロトコルなどの総称をWPA（Wi-Fi Protected Access）といい、現在ではそれをさらに改良したWPA2が使用されています。

また、2018年にはWPA2の後継規格であるWPA3が発表されました。WPA2のセキュリティを強化・拡張したもので、WPA2との互換モードも用意されているので、WPA2にのみ対応した機器とも通信をすることができます。

電子メールを利用した攻撃

内外から送付されてくる電子メールには、さまざまな脅威が発生します。

1. コンピュータウイルスへの感染

電子メールやその添付ファイルに**コンピュータウイルス**が埋め込まれていると、コンピュータがウイルスに感染し、不正な処理を行ったりデータを破壊したりする可能性があります。

2. 踏み台（不正中継）

踏み台とは、大量の迷惑メールやウイルスつきのメールを送る際に、送信元を偽装するためにまったく関係のない第三のメールサーバに中継させることです。

3. ドメインの偽装

電子メール本文ヘッダ部に書かれているFromやToのドメイン名やメールアドレスを偽装することによって、なりすましメールやフィッシングメールを送信されてしまいます。

4. 情報の漏えい

多数のユーザに宣伝やお知らせのメールを送る際には、メール配信システムやBccを使って受信者本人以外のアドレスをわからないようにします。しかし、誤っ

てToまたはCcにメールアドレスを指定し、すべてのユーザのアドレスが漏えいするケースがあります。

 ## クッキー（Cookie）

クッキー（Cookie）とは、アクセスを行ったWebサイトからブラウザに送信されるデータのことです。送られたクッキーは、クライアントに保存されます。その内容は、接続日時や訪問回数などさまざまですが、再度同じWebサイトを訪れた場合にその情報が使用されます（**図Ⅲ-7-1**）。そのため、セッション管理にも使用されます。クロスサイトスクリプティングなどの攻撃によりクッキーが詐取されると、情報の漏えいにつながる可能性があります。

▼ **図Ⅲ-7-1　クッキーの例**

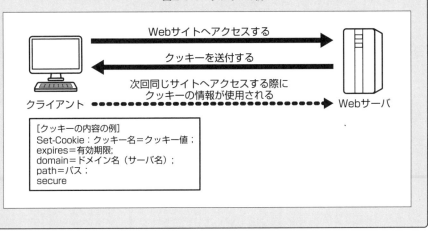

Ⅲ-8 ネットワーク攻撃対策

ネットワークに接続しているコンピュータシステムは、外部からさまざまな方法で攻撃を
受ける可能性があります。攻撃の種類と脅威に応じた対策について学習します。

KEYWORD

□プロキシ　　　　　　　　□フォワードプロキシ　　　□URLフィルタリング機能
□リバースプロキシサーバ　□IEEE 802.1X　　　　　　□IEEE 802.11i
□TKIP　　　　　　　　　□AES　　　　　　　　　　□WPA2
□CCMP　　　　　　　　　□WPA3　　　　　　　　　□GCMP

プロキシサーバ（フォワードプロキシ）

　インターネット上のサーバに組織内のコンピュータが直接アクセスすると、その
コンピュータのIPアドレスなどが外部に判明してしまい、不正アクセスなどの危
険性が増加します。そこで、組織内に外部とのアクセスを中継するサーバを設置し、
そのサーバが外部のサーバに代理でアクセスし、コンピュータに返す方法を取りま
す。このために設置するサーバを**プロキシサーバ**といいます（図Ⅲ-8-1左）。

　この方法によって、プロキシサーバのIPアドレスだけが外部に判明するため、
安全性が高まります。また、プロキシサーバには、一度アクセスしたWebコンテ
ンツをキャッシュする機能もあるため、同じ組織内の別のコンピュータが同じペー
ジにアクセスした場合、プロキシサーバに保存されているページの内容が結果とし
て返されます。これによって、アクセス速度の高速化を図れます。

◎URLフィルタリング機能

　プロキシサーバには、URLフィルタリングやキーワードフィルタリング機能が
備えられています。設定したURLやキーワードへのアクセスを禁止したり、設定
したURLへのアクセスだけ許可し、他のURLへのアクセスをすべて禁止したりす
ることができます。

リバースプロキシサーバ

　主にDMZ上に設置されるサーバで、外部から社内のWebサーバに対して到達す

るアクセスをいったん受け取り、そのアクセスをWebサーバに割り振る役割をします（**図III-8-1右**）。利用するメリットは次のとおりです。

- Webサーバが外部からのアクセスに直接さらされなくなるので、安全性が向上する。
- 複数のWebサーバに、平均的にアクセスを分けることで負荷分散が実現できる。

▼ 図III-8-1　フォワードプロキシとリバースプロキシの例

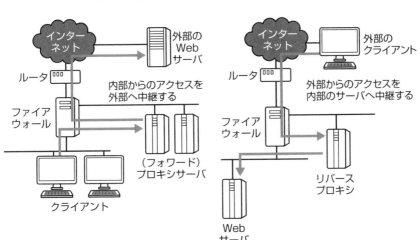

無線LANの対策

　無線LANでは、脅威への対策としてMACアドレスのフィルタリングやESSIDを使用した認証などが考えられます。また、以前は暗号化にWEPが使われていましたが、WEPには暗号化のかぎ長が短いなどの問題があるため、現在では主に次の技術が利用されています。

◎IEEE 802.1X
　IEEE 802.1Xは、認証サーバ(RADIUSなど)を用いてEAP(Extensible Authentication Protocol) をベースに認証を行うための規格です。

◎IEEE 802.11i
　IEEE 802.11iは認証にIEEE 802.1Xを、暗号に**TKIP** (Temporal Key Integrity Protocol) および**AES** (Advanced Encryption Standard) を使用するセキュリティ

技術です。AESを使用するため、専用のハードウェアが必要となります。

◎ WPA

WPA（Wi-Fi Protected Access）は、IEEE 802.11iをベースとしたセキュリティ技術です。認証にIEEE 802.1Xを、暗号化方式にTKIPを使用しますが、IEEE 802.11iのように特別な機器を必要としません。

◎ WPA2

WPAを改良した**WPA2**では暗号化方式に**CCMP**（Counter Mode with Cipher Block Chaining Message Authentication Code Protocol）を、暗号化アルゴリズムにAESを採用しています。

◎ WPA3

WPA2の後継である**WAP3**では、暗号化方式にCCMPに加え**GCMP**（Galois/Counter Mode Protocol）を採用しています。

Ⅲ-9 暗号化技術・公開鍵基盤・認証技術

重要なデータのやり取りをする際やデータを書き込む際などに暗号を用いて機密性を高める必要があります。暗号にはさまざまな種類が存在しますが、まずは汎用的に扱われるものを理解しておきましょう。

KEYWORD

- □暗号
- □共通鍵暗号方式
- □公開鍵暗号方式
- □ブロック暗号
- □ストリーム暗号
- □DES
- □AES
- □RC
- □RSA
- □楕円曲線暗号方式
- □DSA
- □デジタル署名
- □MAC
- □ハッシュ関数
- □SHA-2
- □MD5
- □公開鍵基盤
- □PKI
- □認証局
- □CA
- □登録局
- □RA
- □SSL
- □TLS
- □HTTPS
- □ユーザ認証
- □パスワード認証
- □ワンタイムパスワード
- □認証プロトコル
- □PPP
- □PAP
- □CHAP

共通鍵暗号方式

共通鍵暗号方式は、暗号化と復号に同じ鍵を用いる暗号方式です（図Ⅲ-9-1）。秘密鍵暗号方式または慣用暗号方式などとも呼ばれます。

▼ 図Ⅲ-9-1　共通鍵暗号方式の特徴

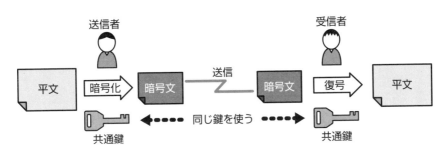

共通鍵暗号方式では、送信者と受信者が同じ鍵を管理する必要があります。その
ため、送信者ごとに異なる鍵を持たなければなりません（図Ⅲ-9-2）。

▼ 図Ⅲ-9-2　共通鍵暗号方式で利用する鍵の数

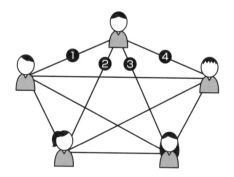

各ユーザは送信相手に応じて異なる鍵を利用する

必要な鍵の数＝n(n－1)÷2個

　したがって、n人の間で使用するネットワークではn（n－1）÷2個の鍵が必要
になります。このとき、それぞれのユーザが管理する鍵の数は自分の分を除く（n
－1）個です。共通鍵暗号方式には、鍵をランダムに生成できる、高速に処理できる、
などの特徴があります。
　共通鍵暗号方式には、ブロック暗号とストリーム暗号があります。

1. ブロック暗号
　データをブロック単位で暗号化または復号する共通鍵暗号方式です。決められた
一定の長さのデータを、ブロックといいます。主なブロック長は、64ビット、128ビッ
ト、192ビット、256ビットなどです。代表的なブロック暗号として暗号文ブロッ
ク連鎖（CBC：Cipher Block Chaining）モード、フィードバック（Output
Feedback）モードなどがあります。

2. ストリーム暗号
　データを1ビット単位で暗号化または復号する共通鍵暗号方式です。ストリーム
暗号には、同期式と非同期式があります。
　　・同期式暗号（外部同期式暗号）：平文（暗号化する前のデータ）や暗号文（暗号
　　　化した後のデータ）の内容と関係なく独立した形で乱数を発生させ、それによっ

て暗号化を行う。平文や暗号文とは別に乱数を発生させるため、ビットの誤りが発生してもその後の処理に影響を与えない。ただし、暗号化と復号の際に同期がとれない場合には復号できない。

・**非同期式暗号（自己同期式暗号）**：平文や暗号文の系列に合わせた形で乱数を生成させ、それによって暗号化を行う。レジスタに暗号文のデータをためておき、それをもとに乱数を発生させるため、ビットの誤りが発生するとレジスタ内のデータが一巡するまで誤りが続く。ただし、同期がずれてもレジスタが一巡すれば、データは回復する。

共通鍵暗号方式の種類

　共通鍵暗号方式を利用する暗号には、さまざまなものがあります。ここでは、代表的な暗号を挙げます。

1. DES

　DES（Data Encryption Standard）は、1977年に米国政府が標準化した56ビットのブロック暗号の規格です。強度に問題があるため、DESを応用して強度を上げた**トリプルDES**という暗号もあります。

2. AES

　AES（Advanced Encryption Standard）は、強度が低くなったDESの代わりに、2001年に新たに制定された米国政府標準のブロック暗号の規格です。128ビット、192ビット、256ビットの長さの鍵を選択できるという特徴があります。無線LANの暗号化規格WPA2で使用されています。

3. RC

　RC（Rivest's Cipher）はDESより高速な処理が可能な暗号化の規格の総称で、ブロック単位で暗号化や復号を行うRC2やRC5、ビット単位で暗号化や復号を行うRC4などがあります。

公開鍵暗号方式

　公開鍵暗号方式は、暗号化と復号に異なる鍵を用いる暗号方式です（図Ⅲ-9-3）。**非対称鍵暗号方式**などとも呼ばれます。

脅威と情報セキュリティ対策②

Ⅲ

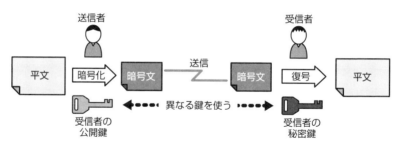

▼ 図Ⅲ-9-3　公開鍵暗号方式の特徴

　公開鍵暗号方式では、暗号化する鍵（**公開鍵**）と復号する鍵（**秘密鍵**）が異なる
ため、複数の送信相手に対して同じ鍵で暗号化を行い、データを送信することがで
きます（**図Ⅲ-9-4**）。

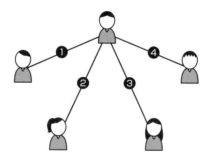

▼ 図Ⅲ-9-4　公開鍵暗号方式で利用する鍵の数

各ユーザは自分の公開鍵と秘密鍵で異なる相手とやりとりできる

必要な鍵の数＝2n個

　公開鍵暗号方式の場合、n 人の間で使用するネットワークでは 2n 個の鍵が必要に
なります。このとき、各ユーザが管理する鍵の数は 2 個です。

公開鍵暗号方式の種類

　公開鍵暗号方式には、いくつかの種類があります。

1. RSA

　RSA（Rivest Shamir Adleman）では、暗号を解読するのに非常に大きな数の素
因数分解を行う必要があります。そのため、効率的な解読方法は発見されていませ

ん。公開鍵暗号方式では、最も代表的な暗号方式として知られています。鍵に使用できるビット長には、512ビット、1,024ビット、2,048ビットなどがあります。

2. 楕円曲線暗号方式

　楕円曲線暗号方式は、楕円曲線という特殊な計算を行って暗号化する方式です。この方式では、RSAより短い長さの鍵で暗号化を行うことができます。そのため、ICカードなどのハードウェアで使用されることがあります。

3. DSA

　DSA（Digital Signature Algorithm）は、エルガマル署名を改良して作られた暗号方式です。鍵長が1,024ビット以下で、署名鍵の生成などを特定の方法で運用するデジタル署名に利用されます。

デジタル署名

　公開鍵暗号方式を使用しても暗号化を行った人物が本人である保証はありません。そこで、なりすましや改ざんが行われていないかどうかを検知する方法として**デジタル署名**（**図Ⅲ-9-5**）や**MAC**（メッセージ認証コード）などを利用することができます。

▼図Ⅲ-9-5　デジタル署名

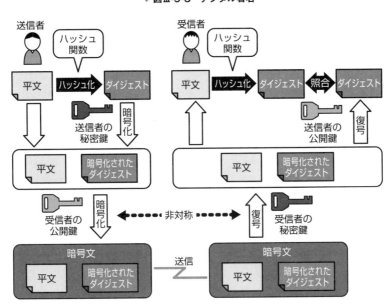

MAC（メッセージ認証コード）もデジタル署名と同様に送信者の認証と改ざんの検知を可能にする手法です。デジタル署名は公開鍵を用いることで誰でも作成または検証できますが、MACでは送信者と受信者の間で決めておいた共通鍵を共有する必要があります。また、MACはデジタル署名より高速な処理が可能です。

ハッシュ関数

　ハッシュ関数とは、任意のデータを入力して固定のデータを出力する関数のことです。出力したデータから入力したデータを導き出すことができない一方向性や、異なる入力データから同じ出力結果が得られる可能性が非常に低い耐衝突性といった特徴を備えています。

1. SHA-2

　SHA-2（Secure Hash Algorithm 2）は米国政府標準のハッシュ関数です。SHA-224、SHA-256、SHA-384などがあり、それぞれ224ビット、256ビット、384ビットのハッシュ値を出力します。

2. MD5

　MD5（Message Digest 5）は、任意のデータを入力すると128ビットのハッシュ値を出力します。このハッシュ値をメッセージダイジェストやフィンガープリントなどと呼ぶ場合もあります。

PKI（公開鍵基盤）

　公開鍵を使って暗号化を行う場合、配布されている公開鍵が「確かに送信元の公開鍵である」ことを証明する必要があります。公開鍵の正当性を証明するための機関が、認証局（CA：Certificate Authority）です。認証局の中の登録局（RA：Registration Authority）がユーザからの申請を受けて登録を行い、証明書の情報をリポジトリに格納します。

　証明書を所有しているユーザは、暗号化したデータと一緒に公開鍵の証明書を送ります。証明書を受け取った相手は、リポジトリから証明書の情報を取得してその公開鍵の正当性を確認することができます。

　公開鍵暗号方式を利用するための周辺技術や概念などを、PKI（Public Key Infrastructure：公開鍵基盤）と呼びます（図Ⅲ-9-6）。PKIはTLS（後述）やS/MIMEなどで利用されています。

▼ 図III-9-6　PKI

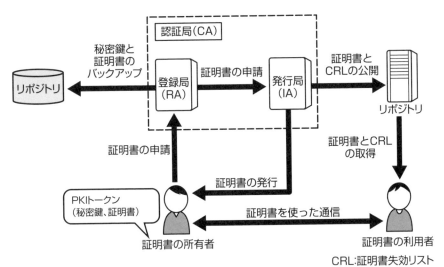

SSL/TLS

　SSL（Secure Socket Layer）とは、ネットスケープ・コミュニケーションズ社が開発した、インターネット上で情報を暗号化して送受信するためのプロトコルです。TLS（Transport Layer Security）とは、SSLの後継として策定されたインターネット上で情報を暗号化して送受信するためのプロトコルのことです。TLSでは、公開鍵暗号方式や共通鍵暗号方式、デジタル証明書、ハッシュ関数などのセキュリティ技術を組み合わせて、データの盗聴や改ざん、なりすましを防ぐことができます。そのため、サーバ認証はもちろんクライアント認証も可能になります。

　現在セキュリティ関連のプロトコルとしてよく利用されているHTTPSは、Webサーバとブラウザ間でデータをやりとりするためのHTTPにTLSの暗号化機能を付加したものです（**図III-9-7**）。

▼ 図III-9-7　TLSの例

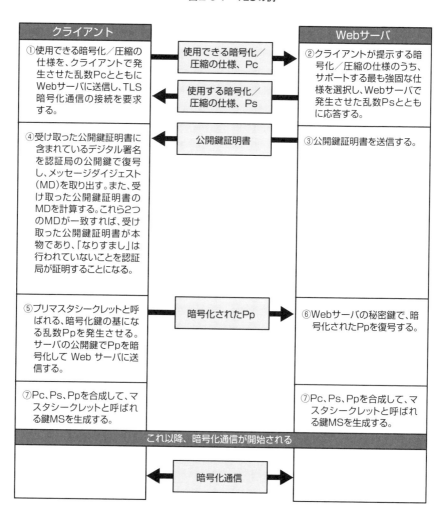

ユーザ認証

ユーザ認証とは、利用者自身が本人であるかどうかを認証することです。

1. パスワード認証

パスワードは、最もよく使用されるユーザ認証の手段です。

パスワードの管理の手間を軽減するために、アクセスごとにパスワードを変更するワンタイムパスワードを利用することができます（**図Ⅲ-9-8**）。

▼ **図Ⅲ-9-8　ワンタイムパスワードの例**

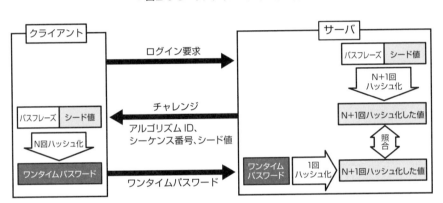

2. 認証プロトコル

外部からダイヤルアップ接続方式でネットワークに接続する際に使用するプロトコルに、**PPP**（Point-To-Point Protocol）があります。PPPを使った接続では、PAPやCHAPを使ってユーザ認証を行います。

PAP（Password Authentication Protocol）は、ユーザIDとパスワードの組み合わせだけで認証を行うプロトコルです（**図Ⅲ-9-9**）。

▼ 図Ⅲ-9-9　PAP

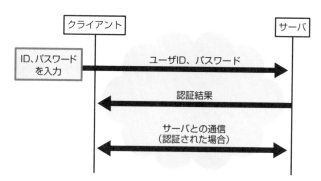

　CHAP（Challenge Handshake Authentication Protocol）では、認証サーバから送られた**チャレンジコード**をクライアント側に送信します。クランアントがチャレンジコードにパスワードを付加したデータをハッシュ化して**レスポンスコード**を作成し、認証を行います（**図Ⅲ-9-10**）。

▼ 図Ⅲ-9-10　CHAP

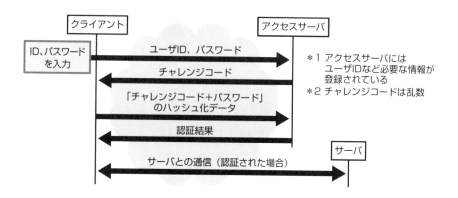

Ⅲ-10 その他の技術的セキュリティ対策

さまざまな脅威に対して、そのリスクの起こる頻度と優先度に合わせて対策を取る必要があります。Ⅲ-9までに記載できていなかった技術的セキュリティ対策をいくつか紹介します。

KEYWORD

☐マルウェア ☐コンピュータウイルス ☐スパイウェア
☐パターンファイル ☐アンチウイルスソフト ☐ゼロデイウイルス

マルウェアの対策

マルウェアの対策として、コンピュータウイルスやスパイウェアの検知や除去を行うソフトウェアを導入します。マルウェアの検知を行うためには、既知のウイルスなどのそれぞれの特徴をパターンファイルに登録しておき、**パターンファイル**の特徴と実際のファイルの内容を照合し、それがウイルスやスパイウェアかどうかを判断する方法があります。そのため、パターンファイルを自動的に更新し、常に最新の状態にしておくような仕組みを構築しておくことが大切です。

また、ユーザに対して**アンチウイルスソフト**をメモリに常駐させておくとともに、パソコン自体の設定を変更できないようにしておくことで、マルウェアの脅威を軽減することができます。

◎マルウェアの感染時の対応

マルウェアの感染に見舞われた場合は、まずネットワークから感染したコンピュータを切り離さなければなりません。その後に対処のための作業を行っていきます。このような場合に準備しておくべき一連の対策を**コンティンジェンシープラン（緊急時対応計画）**にまとめ、日頃から訓練などを行う必要があります。

◎復旧時の手順

マルウェアに感染した後は、コンピュータを元の状態に復旧させる必要があります。復旧作業は、どの部分（ファイル）にマルウェアが混入したかによって異なります。特に、トロイの木馬のようなものに感染した場合は、マルウェアが発病せず

に潜伏している可能性があるので注意が必要です。これらの一連の流れも、コンピュータ復旧手順書にまとめておくとよいでしょう。

◎マルウェアの対策における注意点

パターンファイルを利用する場合、対象となるファイルが暗号化されていると内容をチェックすることができません（**図Ⅲ-10-1**）。

▼図Ⅲ-10-1　パターンファイルと暗号化されたファイル

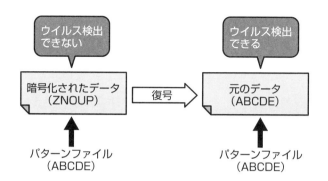

そのため、チェックの対象となるファイルが暗号化されている場合は、復号してからパターンファイルとの照合を行う必要があります。

また、パターンファイルは未知のウイルス（**ゼロデイウイルス**）については効果がありません。そこで、日頃から「不審なWebサイトへはアクセスしない」「送信元がわからないメールやその添付ファイルは開かない」といったことをユーザに教育する必要があります。

演習問題

1 以下の文章は、情報セキュリティに関するさまざまな知識を述べたものです。正しいものは○、誤っているものは×としなさい。

1. 大量のパケットをターゲットのサーバに送り付け、そのサーバが他の処理を実行できない状態にして、正規のユーザからのアクセスを受け付けられないようにする攻撃をDoS攻撃と呼び、さらに分散した複数の端末から一斉に仕掛けるDoS攻撃をDDoS攻撃と呼ぶ。

2. WAFは、Webアプリケーションの脆弱性を悪用する攻撃や侵入を検知・防止することにより、不正アクセスなどからWebサイトを保護するシステムである。ファイアウォールなどとは異なり、Webアプリケーションに特化した防御対策となる。

3. シングルサインオンとは、関連する複数のアプリケーションなどにおいて、いずれかで認証手続を一度だけ行えば、関連する他のサーバやアプリケーションにもアクセスできること、またはそれを実現するための機能をいう。

4. RAIDとは、複数の磁気ディスク装置を組み合わせて管理することにより、データの信頼性の向上や処理時間の高速化を図る方法のことである。その1つであるRAID 0は、複数台のハードディスクにデータを分散して書き込むものであり、ストライピングといわれている。

5. ハッシュ関数には、異なる入力データから常に同じ出力結果が得られる一方向性といった特徴がある。

2 以下の文章を読み、（　）内のそれぞれに入る最も適切な語句の組み合わせを、選択肢（ア〜エ）から1つ選びなさい。

1. 共通鍵暗号方式・公開鍵暗号方式を利用した代表的な暗号とその特徴を、以下の表に示す。

暗号方式	暗号	特徴
共通鍵	（a）	米国政府が標準化した56ビットのブロック暗号の規格である。強度に問題があるため、（a）を応用して強度を上げたトリプル（a）という暗号もある。
	（b）	（a）よりも高速な処理が可能な暗号化の規格の総称である。ブロック単位で暗号化・復号を行うものや、ビット単位で暗号化・復号を行うものがあり、SSLや無線LANなどに（b）が利用されている。
公開鍵	（c）	暗号を解読するのに非常に大きな素因数分解を行う必要があるため、効率的な解読方法は発見されていない。使用できる鍵の長さには、512ビット、1,024ビット、2,048ビットなどがある。
	（d）	エルガマル署名を改良して作られた暗号方式であり、鍵長が1,024ビット以下で、署名鍵の生成などを特定の方法で運用するデジタル署名などに利用される。

ア：(a) DES　　　(b) RC　　　(c) RSA　　　(d) DSA

イ：(a) DES　　　(b) RC　　　(c) ECC　　　(d) 楕円曲線暗号方式

ウ：(a) RC　　　(b) DES　　　(c) RSA　　　(d) 楕円曲線暗号方式

エ：(a) RC　　　(b) DES　　　(c) ECC　　　(d) DSA

2. なりすましや改ざんなどへの対策に関する内容を、以下の文章に示す。

認証サーバの1つである（a）サーバは、（a）プロトコルを用いて、ユーザ認証だけではなくデバイス認証も行う。以前は、ダイアルアップでリモートアクセスする際のユーザ認証に使われていたが、現在では、無線LANにおける認証などに使われている。（a）サーバでは、（b）や（c）でユーザ認証を行うが、製品によってはIEEE802.1x／EAPに対応したものもある。 また、（b）は、認証の際はユーザID・パスワードを暗号化せずにサーバに送信するが、（c）は、ユーザID・パスワードなどの認証情報を暗号化するため、（b）よりも安全性は高い。

ア：(a) RADIUS　　　(b) PAP　　　(c) CHAP

イ：(a) RADIUS　　　(b) CHAP　　　(c) PAP

ウ：(a) Tableau　　　(b) PAP　　　(c) CHAP

エ：(a) Tableau　　　(b) CHAP　　　(c) PAP

3. なりすましやデータの改ざんを防止する対策の1つとして、デジタル署名が挙げられる。デジタル署名のイメージを、以下の図に示す。

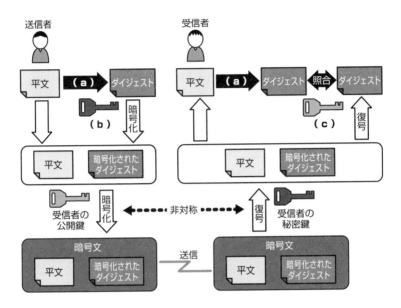

ア：(a) コーディング　　(b) 送信者の秘密鍵　　(c) 送信者の公開鍵

イ：(a) コーディング　　(b) 送信者の公開鍵　　(c) 送信者の秘密鍵

ウ：(a) ハッシュ化　　(b) 送信者の公開鍵　　(c) 送信者の秘密鍵

エ：(a) ハッシュ化　　(b) 送信者の秘密鍵　　(c) 送信者の公開鍵

4. 権限取得の段階では、事前調査で情報を収集した結果、侵入可能と判断した場合、操作や処理を実行するための権限を不正に取得する。その方法として、パスワードクラッキングや盗聴によるパスワード奪取などがある。パスワードクラッキングの手法として、次のようなものが挙げられる。

・(a) 攻撃：(a) に載っている単語、あるいはパスワードになりそうな文字列を順番に当てはめていき、パスワードを推測する手法である。

・（b）攻撃：パスワードの文字列として考えられるすべての組み合わせを試行する攻撃である。また、パスワードを固定し、ユーザIDを変えて攻撃を試みるリバース（b）攻撃という手法もある。

・（c）攻撃：パスワードを格納しているファイル、もしくはパスワードがかけられているファイルを入手して、それを攻撃者のコンピュータにコピーしてパスワード破りを試みる手法である。

ア：(a) ホットリスト　　　(b) ブルートフォース　　　(c) APT

イ：(a) ホットリスト　　　(b) レインボー　　　(c) オフライン

ウ：(a) 辞書　　　(b) ブルートフォース　　　(c) オフライン

エ：(a) 辞書　　　(b) レインボー　　　(c) APT

5. （a）攻撃とは、ターゲットとなるユーザが普段アクセスするWebサイトを改ざんし、そのサイトを閲覧しただけで不正プログラムに感染するように仕掛ける手口である。これは、（b）攻撃を（c）攻撃に応用した手口である。

ア：(a) 水飲み場型
　　(b) ドライブバイダウンロード
　　(c) 標的型

イ：(a) 水飲み場型
　　(b) HTTPヘッダインジェクション
　　(c) 標的型

ウ：(a) 標的型
　　(b) ドライブバイダウンロード
　　(c) 水飲み場型

エ：(a) 標的型
　　(b) HTTPヘッダインジェクション
　　(c) 水飲み場型

3 以下の文章の（　）に当てはまる最も適切なものを、選択肢（ア～エ）から1つ選びなさい。

1. ボットとは、（　）プログラムである。

　　ア：感染したコンピュータ内のデータやデスクトップ画面などを、ユーザの意図に反してP2Pソフトの公開用フォルダにコピーし、P2Pネットワーク上に流出させてしまう不正な

　　イ：技術的な検証を目的として試験的に作成されたコンピュータウイルスであり、感染してもコンピュータに障害をもたらす危険性が低いものが多い

　　ウ：表計算ソフトやワープロソフトなどのファイルに組み込まれて実行される、簡易プログラムの仕組みを悪用した不正な

　　エ：感染したコンピュータを、インターネットを通じて外部から操ることを目的として作られた不正な

2. Wi-Fi Allianceにより規格化されている（ア：SFTP　イ：WPA2　ウ：WAF　エ：IMAP4S）とは、無線LANクライアントとアクセスポイントの接続に関する認証方式および通信内容の暗号化方式を包含した規格で、128～256ビットの可変長鍵を利用した暗号化が可能となっている。

3. （　）ことを、シングルサインオンという。

　　ア：関連する複数のサーバやアプリケーションなどにおいて、いずれかで認証手続きを行えば、関連する他のサーバやアプリケーションにもアクセスできる

　　イ：システムにログインする際、通常のIDとパスワードに加え、短時間かつ一度きりしか使えないパスワードを発行する

　　ウ：パスワードを平文のまま送るのではなくハッシュ化して送ることで、伝送路上での盗み見、漏えいを防止する

　　エ：初期パスワードでログインした際に、別のパスワードへの変更を促す

4. ネットワーク経由での不正侵入において、（　）の段階で、ポートスキャンなどが行われる。

ア：攻撃のために必要な情報の事前収集を行う「事前調査」

イ：操作や処理を実行するための権限を不正に取得する「不正取得」

ウ：盗聴や破壊、改ざん、なりすまし、不正プログラムの埋込みなどを行う「不正実行」

エ：ログの消去などにより、侵入の形跡を消すための隠蔽工作を行う「後処理」

4 以下の文章を読み、（　）に入る最も適切なものを、下の選択肢（ア～エ）から1つ選びなさい。

1. 以下の文章は、不正アクセスへの対策に関する記述である。（　）に該当する用語は、次のうちどれか。なお、それぞれの（　）には、すべて同じ用語が入るものとする。

通常のプロキシサーバは、外部へのアクセスを一度中継してから接続を行うが、（　）は、外部からのアクセスを中継して目的のサーバなどに接続をする。（　）を利用することによって、セキュリティの保持に加え、サーバの負荷の軽減や、通信回線の帯域の制御などが可能となる。

ア：トランスペアレントプロキシ

イ：公開プロキシ

ウ：リバースプロキシ

エ：フォワードプロキシ

5 次の問いに対応するものを、選択肢（ア～エ）から1つ選びなさい。

1. BYODを採用した場合、リスクとして想定されることは、次のうちどれか。

ア：端末の購入費やアプリケーションの導入費用だけではなく、通信料金が別に発生するため、運用コストが増加する。

イ：個々の端末に対し、導入するアプリケーションの種類や設定に関して、企業側において完全に管理することは難しいため、不正プログラムの感染や情報漏えいが発生しやすくなる。

ウ：不慣れな端末を使うことによる誤操作で、情報の消失や情報漏えいなどが発生しやすくなる。

エ：多くの社員が同一の通信回線を利用するため、通信速度が極端に低下する。

III

脅威と情報セキュリティ対策②

解答・解説

1　1. ○　　2. ○　　3. ○　　4. ○　　5. ×

解説

5. 一方向性とは、出力したデータから入力したデータを導き出すことができない特徴をいいます。

2　1. ア　　2. ア　　3. エ　　4. ウ　　5. ア

解説

1. 共通鍵には、DESやAES、RCといったものがあります。また、公開鍵にはRSAやDSA、楕円曲線暗号などがあります。

2. 認証サーバの代表的なものの1つとしてRADIUSがあり、ユーザ認証以外にもアクセスしてきたデバイスの認証も可能です。

3. デジタル署名は、署名の元となるデータ（平文）をハッシュ関数を使ってハッシュ値を作成し、その署名を付けた送信者の秘密鍵で暗号化します。

4. パスワードでありそうな文字列を当てはめて推測することを辞書攻撃、すべての文字列を試す攻撃をブルートフォース（総当たり）攻撃といいます。

5. 標的型攻撃の1つに、水飲み場型攻撃があります。これは、よく閲覧するWebサイトにアクセスしただけでそのユーザだけがマルウェアに感染するドライブバイダウンロード攻撃の手口です。

3　1. エ　　2. イ　　3. ア　　4. ア

解説

1. アは暴露ウイルス、イはコンセプトウイルス、ウはマクロウイルスに関する解説

文です。

2. 無線LANの暗号化／認証技術にはWPAやWPA2があります。

3. イはワンタイムパスワードの説明です。ウとエはパスワードに関する内容で、シングルサインオンとは関係ない記述です。

4. ポートスキャンは、ポート番号を0～65535まで順に変更しながら通信可能なポートを探すことをいいます。

4 1. ウ

解説

1. 通常のプロキシサーバのことを「フォワードプロキシ」といいます。

5 1. イ

解説

1. BYODとは、従業員が個人で所有しているスマートフォンなどの、私物の端末を業務に活用する形態のことです。

CHAPTER

コンピュータの一般知識

ここではコンピュータや情報化に関する基本
的な知識を学びます。

Ⅳ-1 OS・アプリケーションに関する知識

コンピュータを利用するためにはオペレーティングシステム（OS）が必要です。広く利用されているOSの種類や特徴について理解しましょう。また、パソコンでよく利用されるアプリケーションの基本についても学びます。

KEYWORD

☐オペレーティングシステム（OS）　　☐Windows　　☐UNIX
☐Linux　　☐macOS　　☐iOS　　☐Android
☐ワープロソフト　　☐表計算ソフト　　☐PDF

オペレーティングシステム

　私たちが利用するコンピュータを動かすためには、オペレーティングシステムが必要になります。**オペレーティングシステム（OS）**とは、多くのアプリケーションソフトウェアで共通して利用される基本機能を提供し、コンピュータシステム全体を管理するソフトウェアのことです。基本ソフトウェアとも呼ばれます。広く利用されているOSには、Windows、UNIX、Linuxなどがあります。

◎ Windows

　1986年にマイクロソフト社から発売された**Windows**は、1992年発売のWindows 3.1でPC/AT互換機用の標準OSとして処理速度や信頼性が向上したことにより飛躍的に普及しました。

　さらに、1995年には、使いやすいGUI、プリエンプティブなマルチタスク処理、プラグアンドプレイのサポートなどの機能を備えたWindows 95が発売されます。Windowsは、パソコン用のOSとしての地位を確立しています。現在の最新版は、Windows 10が使用されています。

◎ UNIX

　UNIXは、1968年に米国のAT＆T社のベル研究所においてC言語というハードウェアに依存しないプログラミング言語により開発されたOSです。AT＆Tで開発されたV7系のUNIXの他、カリフォルニア大学のバークレー校で開発された

BSD系UNIX、サン・マイクロシステムズ社（現オラクルコーポレーション）の Solaris、IBM社のAIXなど、さまざまなプラットフォームに移植されています。

　一般に、UNIXは完全なマルチタスク機能を搭載しており、ネットワーク機能や安定性にも優れ、高度なセキュリティを持つように設計されています。

◎ Linux

　Linuxは、1991年にフィンランドの学生によって開発されたUNIXによく似たOSです。GPLというライセンス体系に基づいて、誰でも自由に改変し、再配布することができます。また、Linuxは必要最小限の機能を実装していることから、他のOSに比べると低い性能のコンピュータでも動作しやすく、ネットワーク機能やセキュリティにも優れています。

◎ macOS（Mac OS X）

　macOS（Mac OS X）は、アップル社製のコンピュータMacintosh（Mac）用のOSです。1984年に最初のMacintoshとともに発売され、GUIによる操作のしやすさから広く普及しています。2001年に発売されたMac OS X以降はUNIXをベースとし、Aquaというユーザインタフェースを採用しています。

◎ iOS

　アップル社が提供している携帯機器用のOSで、同社の製品であるiPhoneやiPadなどに搭載されています。

◎ Android

　グーグル社が開発したLinuxベースの携帯端末向けOSで、各種のスマートフォンやタブレットPCに搭載されています。

アプリケーションソフト

　パソコンではさまざまなアプリケーションソフトを利用します。

◎ ワープロソフト

　文章を作成することのほか、表や図形などを組み合わせて各種の文書を作成する機能を持つソフトウェアです。

◎表計算ソフト

縦横に並んだ複数のセルから構成されるワークシート上に、各種の数値や計算式などを記述することで、集計処理やグラフの作成などを実行できる機能を持つソフトウェアです。

◎PDF

PDF（Portable Document Format）は、Adobe（アドビ）社が開発した電子文書の規格です。他のアプリケーションソフトと比較して編集されにくく、見やすいという特徴があるため、さまざまな用途（官公庁の文書や申請書、メーカのカタログや取扱説明書など）で使用されています。

 マクロウイルス

ワープロソフトや表計算ソフトなどのアプリケーションには、マクロ機能を備えているものがあります。マクロ機能により、複数の操作を登録して一度に実行したり、簡単なプログラムを書いて複雑な入力や計算などの処理を自動化したりするなど、ユーザの操作を助け、簡易化することが可能です。

マクロウイルスは、マクロ機能を悪用したウイルスです。マクロウイルスが埋め込まれたワープロファイルや表計算ファイルを開くとマクロが実行され、コンピュータ上のファイルの改ざんや削除、情報の漏えいなどの被害が発生します。多くの場合、マクロウイルスはメールの添付ファイルとして送られてきます。ファイルを開いて実行しなければ感染しないため、不審な添付ファイルは開かないようにすることが大切です。

IV-2 | ハードウェアに関する知識

コンピュータを構成する装置には、さまざまなものがあります。各装置の特徴を理解して
おきましょう。

KEYWORD

□出力装置	□シリアルインタフェース	□USB
□IEEE 1394	□パラレルインタフェース	□SCSI
□IDE	□CPU	□制御装置	□演算装置
□クロック	□レジスタ群	□記憶装置	□主記憶装置
□半導体メモリ	□RAM	□SRAM	□DRAM
□ROM	□マスクROM	□ユーザプログラマブルROM
□キャッシュメモリ	□メモリインタリーブ	
□補助記憶装置	□磁気テープ装置	□磁気ディスク装置	□光ディスク
□DVD	□フラッシュメモリ	

出力装置の種類と特徴

コンピュータで処理したデータは、用途に合わせてさまざまな形で出力する必要があり
ます。そのため、出力方法に合わせてさまざまな**出力装置**を利用します（**表IV-2-1**）。

▼ 表IV-2-1　代表的な出力装置

出力装置		説明
ディスプレイ		コンピュータ内のデータやプログラムを人間が見える形で表示する装置。
	液晶ディスプレイ	液晶を利用したディスプレイ。
	有機ELディスプレイ	有機化合物を用いた構造体に電圧をかけると発光する現象を応用したディスプレイ。
プリンタ		コンピュータ内のデータやプログラムを紙に出力する装置。ドットインパクト、熱転写式、感熱式、インクジェット、レーザなどの方式がある。
	シリアルプリンタ	ドットと呼ばれる点の単位や1文字単位に印字するプリンタ。
	ラインプリンタ	1行単位に印字するプリンタ。
	ページプリンタ	1ページ単位に印字するプリンタ。

プリンタ、コピー、FAXなどの複数の機能を持つプリンタ複合機も広く利用
されています。

入出力インタフェース

　入力装置と出力装置をまとめて入出力装置と呼びます。入出力装置はさまざまな
装置とデータのやりとりを行うため、その方法について約束事が必要になります。
これを**インタフェース**といいます。データの入出力に関係するインタフェースをと
くに**入出力インタフェース**といいます。入出力インタフェースには、データの転送
方法の違いによりシリアルインタフェースとパラレルインタフェースがあります。

◎シリアルインタフェース

　シリアルインタフェースとは、1本の信号線で1ビットずつを順次送る直列デー
タ転送方式のことです（**表Ⅳ-2-2**）。この方式では、一度に転送できるデータ量は
少なくなりますが、しくみが単純であるため、データを高速に転送できるという特
徴があります。

▼ 表Ⅳ-2-2　代表的なシリアルインタフェースの種類

名前	説明
USB (Universal Serial Bus)	バス形式でコンピュータと周辺機器（キーボード、マウス、プリンタなど）を接続するための規格。転送速度が12MbpsのUSB 1.1、480MbpsのUSB 2.0、5GbpsのUSB 3.0などがあり、給電にも使用されている。
IEEE 1394	IEEEが標準化した規格。転送速度が100Mbps、200Mbps、400Mbps、800Mbpsの規格がある。

◎SATA（Serial ATA）

　コンピュータとハードディスクやドライブなどの記憶装置を接続するIDE（ATA）
規格の1つです。最大転送速度は、SATA 1.0は150Mbps、SATA 2.0は300Mbps、
SATA 3.0は600Mbpsになります。また、ノートパソコンなどにあるカード型SSD
などを装着するためのmSATAという規格もあります。

◎パラレルインタフェース

　パラレルインタフェースとは、複数の信号線を用いて同時に複数ビットをまとめ
て送る並列データ転送方式のことです（**表Ⅳ-2-3**）。この方式では、一度に多くのデー

タを送ることができますが、同期をとる必要があるため、データを高速に転送することが難しくなります。

▼ 表IV-2-3　代表的なパラレルインタフェースの種類

名前	説明
SCSI（Small Computer System Interface）	ハードディスクやCD-ROMドライブなどの接続に利用される。転送速度が40Mbps～320Mbpsの規格がある。
IDE（Integrated Drive Electronics）	ハードディスクの接続に利用される。CD-ROMドライブなどの機器の接続にも利用できるように、IDEを拡張したEIDEもある。

CPU

CPU（**中央処理装置**）とは、各種装置の制御やデータの演算や加工を行う装置のことです。CPUは、入力装置や記憶装置からデータを受け取り、データの演算や加工を行い、出力装置や記憶装置にデータを渡します（図IV-2-1）。

▼ 図IV-2-1　CPUの役割

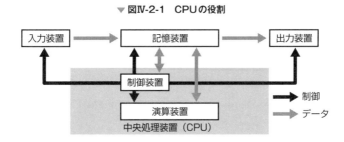

CPUは、**命令**という単位で処理を実行します。1つの命令は、「命令の取り出しと解読」および「演算の実行」によって処理されます。CPUは、「命令の取り出しと解読」および「演算の実行」を交互に繰り返し行うことによって命令を処理していきます。

◎ CPUの構成要素

CPUは、**制御装置、演算装置、クロック、レジスタ群**から構成されます（図IV-2-2）。

▼ 図IV-2-2　CPUの構成要素

1. 制御装置

　CPUを構成する装置の1つである**制御装置**は、記憶装置に記憶された命令を取り出して解読し、その結果に従って入力装置、記憶装置、演算装置、出力装置に必要な指示を送ります。

　制御装置は、デコーダやさまざまなレジスタを使って各装置の制御を行います。まず、**命令アドレスレジスタ（PC：プログラムカウンタ）**の内容を記憶装置へ送り、記憶装置から送られてきた命令をIR（**命令レジスタ**）に格納します。次にDEC（**デコーダ**）によりこの命令を解読して実行内容を決定し、演算装置へ指示を送ります。演算にデータが必要な場合には記憶装置へ指示を送り、記憶装置からデータを受け取ってレジスタに格納します（**図IV-2-3**）。

▼ 図IV-2-3　制御装置の構成

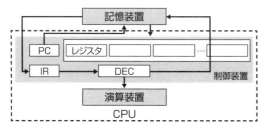

2. 演算装置

　演算装置は、ALU（**算術論理演算装置**）とも呼ばれ、与えられたデータに対して加算などの四則演算を行う算術演算、論理和や論理積などの論理演算、大小や等価などの比較判断を行う比較演算、ビットデータを左右にずらすといった操作を行うシフト演算などの機能を持ちます。

　演算装置は、制御装置からの指示に従い、演算回路で演算を行います。必要であ

れば、結果を一度汎用レジスタに保持します。演算結果は、制御装置からの指示に従い、制御装置内のレジスタまたは記憶装置に格納されます（**図IV-2-4**）。

▼ 図IV-2-4　演算装置の構成

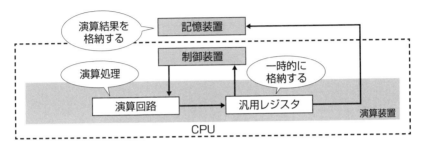

3. クロック

　クロックとは、コンピュータ内の動作タイミングをとるために**パルス**（**クロック信号**）を発生させる回路のことです。クロックは、クロック周波数でその大きさを表現できます。その単位はHzです。CPUの基本動作は、クロックに合わせて行われます。

4. レジスタ群

　レジスタ群とは、CPUに内蔵された小容量の記憶素子であるレジスタの集合体のことです。レジスタは、制御装置や演算装置の中に存在しています。

記憶装置

　記憶装置とは、文字どおりデータを保持する装置のことです。記憶装置は、主記憶装置と補助記憶装置に大別されます（**表IV-2-4**）。

▼ 表IV-2-4　主記憶装置と主な補助記憶装置の種類

名前		説明
主記憶装置	レジスタ	CPUに内蔵された、小容量で高速に動作する記憶素子。
	キャッシュメモリ	レジスタに次いで高速に動作する半導体メモリで、CPU内の一時的な記憶装置として用いられる。主にSRAM (Static Random Access Memory) が利用される。
	主記憶装置	CPUが利用するデータやプログラムを記憶するための半導体メモリで、一般的にメモリと呼ばれる。主にDRAM (Dynamic Random Access Memory) が利用される。
補助記憶装置	磁気ディスク装置	データやプログラムの格納用に利用される装置。
	光ディスク装置	磁気ディスク装置に比べアクセス速度が遅く、主にデータの保存に用いられる。近年初期の再生専用型 (ROM) に加え、追記型 (Recordable) や書き換え型 (Rewritable) がある。
	磁気テープ装置	大量のデータを保存するために用いられてきたが、アクセス速度が遅いため、近年は光ディスク装置などに移行しつつある。記憶単価が安価であることから、多数の媒体を自動交換するライブラリ装置などとして利用されている。

　それぞれの記憶装置の容量、コスト、アクセス時間などを把握した上で、利用頻度、アクセス時間、必要の程度などに応じて適切な記憶装置を選択することが重要です（図IV-2-5）。

▼ 図IV-2-5　記憶階層

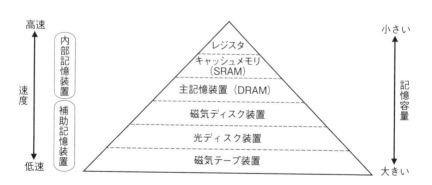

◎主記憶装置

　主記憶装置とは、CPUがプログラムを実行する際に直接使用する記憶装置のことです。主記憶装置は、バス（データ用）によりCPUと直接接続されています。そのため、主記憶装置はCPUから高速にアクセスすることができます。主記憶装置はメモリとも呼ばれます。

主記憶装置は、アドレス部、記憶部、制御部から構成されます。

- **アドレス部**：CPUから送られた命令アドレスレジスタの内容を解読する。
- **記憶部**：命令やデータを格納する。
- **制御部**：主記憶装置とCPUの間でさまざまな制御を行う。

COLUMN アドレス

CPUは、主記憶装置内の任意の場所に格納されたデータやプログラムに対し、効率的に読み書きを行う必要があります。そのため、主記憶装置内にはアドレスと呼ばれる番号が割り振られています（図IV-2-6）。
CPUは、このアドレスを使用してデータやプログラムの読み書きを行います。

▼図IV-2-6　主記憶装置のしくみ

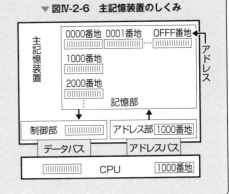

◎半導体メモリ

主記憶装置は、主に**半導体メモリ**で構成されます。半導体メモリは壊れにくい上、高速な読み書きが可能であるという特性を持つためです。半導体メモリとは、半導体で作成された、読み書き可能な記憶媒体であり、ICメモリとも呼ばれています。

半導体メモリは、RAMとROMの2種類に分類することができます。

1. RAM

RAM（Random Access Memory）は、命令の実行により自由にデータの読み書きを行うことができますが、電源を切断すると記憶内容が失われます。このような性質を揮発性といいます。

RAMにはSRAM（Static Random Access Memory）とDRAM（Dynamic Random Access Memory）の2種類があります。

SRAMは、メモリ内の記憶内容を定期的に書き直す動作（リフレッシュ）を必要としないため、アクセス速度が速くなります。このため、キャッシュメモリなどに使われますが、非常に高価です。

DRAMは、コンデンサと呼ばれる部品の電荷の状態を利用して作られています。時間の経過とともに電荷が減少するため、数ミリ秒ごとに**リフレッシュ**が必要です。

したがって、アクセス速度はSRAMに比べて遅くなります。一方で、回路が単純であることから、低価格でかつ大容量の記憶装置を作ることができ、主記憶装置に多く使われています（**表IV-2-5**）。

▼ 表IV-2-5　RAMの種類と特徴

種類		リフレッシュ	容量	速度	価格	消費電力	用途
S R A M	バイポーラ型	不要	小	高	高	大	キャッシュメモリ
	MOS型	不要	小〜中	中	やや高	やや大	主記憶装置
DRAM		要	大	低	低	小	主記憶装置

2. ROM

ROM（Read Only Memory）は、電源を切断しても記憶内容が保持されるという性質を持ちます。この性質を不揮発性といいます。ROMは、この性質を生かして主にデータの保存用に利用されます（**表IV-2-6**）。

ROMには、マスクROMとユーザプログラマブルROMの2種類があります。

マスクROMは読み取り専用のメモリです。メーカの出荷時にはすでに記憶内容が書き込まれており、ユーザが記憶内容を書き加えたり消去したりすることができません。

一方、**ユーザプログラマブルROM**は、利用者側で内容を書き加えたり消去したりすることが可能です。ユーザプログラマブルROMは、内容の消去方法や特徴の違いにより、PROM、EPROM、EEPROM、フラッシュEEPROMの4種類に分けられます。

▼ 表IV-2-6　ROMの種類と特徴

種類		データの書き込み	データの消去	特徴
マスクROM		マスクの作成時に作り込む。	不可	漢字データなどの変更の不要な固定データの記録に有効である。
ユーザプログラマブルROM	PROM	一度だけ自由なデータを記録できる。	不可	ユーザが任意にデータを記録することができる。
	EPROM	データを複数回書き換えることができる。	紫外線照射による一括消去	消去には専用のROM Eraserが必要である。
	EEPROM		電気信号による消去	ビット単位での書き換えが可能である。
	フラッシュEEPROM		電気的に数ビット単位で消去	数ビット単位での書き換えが可能である。USBメモリなどで利用されている。

フラッシュEEPROMは、デジタルビデオ、デジタルカメラなどの画像記録媒体で、大容量で取り外し可能な記憶媒体として使用されています。

◎ 主記憶アクセスの高速化

CPUの処理速度は高速化の一途をたどっており、最近ではメモリへのアクセス速度を大きく上回ります。しかし、演算の対象となるデータがなければ、処理は不可能です。そこでコンピュータの処理能力を向上させるためには、主記憶へのアクセスをいかに高速化するかが重要となります。

コンピュータの処理能力向上のための主記憶アクセスの高速化の方法には、キャッシュメモリによる階層化と、メモリの読み出し方法を改善するメモリインタリーブがあります。

1. キャッシュメモリによる階層化

主記憶装置では、容量やコストの面からDRAMが多く用いられます。DRAMのアクセス速度は数十〜数百ns（ナノ秒）です。CPUと比較すると非常に低速です。

メモリへのアクセス速度が遅いことが、コンピュータ全体の処理速度に大きく影響してしまいます。DRAMの代わりにSRAMを用いれば速度の問題を解決することは可能ですが、コストが上昇し、実用的ではありません。

そこで、コスト面で負担とならない程度のSRAMを主記憶装置とCPUの間に置いています。これを**キャッシュメモリ**と呼びます。キャッシュメモリに、主記憶装置内のデータの一部をあらかじめ転送しておき、CPUがデータを取得する際に主記憶装置へのアクセスを不要とすることで高速化を図る手法です（**図Ⅳ-2-7**）。

▼ **図Ⅳ-2-7　キャッシュメモリのしくみ**

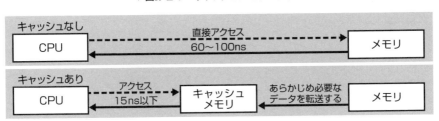

ただし、キャッシュメモリの容量は小さいため、CPUが必要とするデータがキャッシュメモリ内に存在しない場合もあります。この場合は、主記憶装置にアクセスしてデータを取得するため、処理速度が低下します。したがって、CPUがデータを

キャッシュメモリから取得する回数を増やし、主記憶装置へアクセスする回数を減らす必要があります。つまり、**ヒット率**（必要なデータがキャッシュメモリに存在する確率）をいかに高めるかが重要です。

2. メモリインタリーブ

メモリインタリーブとは、1つのメモリブロックを複数の**バンク**に分け、各バンクの読み取りのタイミングを少しずつずらして並列的に処理することにより高速化を実現する方法です（**図Ⅳ-2-8**）。バンクとはメモリを管理する単位のことで、バンク数をwayと呼び、2wayから32wayまでがよく利用されています。

メモリインタリーブは、連続したデータの読み取り速度の向上に大きな効果があります。

▼ **図Ⅳ-2-8　メモリインタリーブのしくみ**

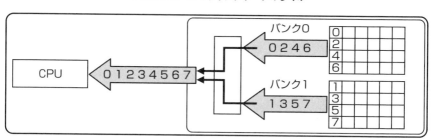

◎ 補助記憶装置

主記憶装置はCPUからの高速なアクセスが可能な記憶装置ですが、コストが高く実装できる容量も限られます。そこで、主記憶装置の容量を補い、データの保管などに**補助記憶装置**が使われます。

1. 磁気テープ装置

補助記憶装置として古くから使われている**磁気テープ装置**は、1ビットあたりの価格が他の補助記憶装置に比べて安価であることから、磁気ディスク装置などのデータのバックアップに利用されています。アクセス速度は非常に遅く、シーケンシャル（逐次）アクセスのみが可能です。

2. 磁気ディスク装置（ハードディスク）

磁気ディスク装置は、記録媒体として表面が磁性体である円盤を用います。1台

の装置には1〜数枚の円盤があり、モータにより高速に回転します。

　円盤の各面には1個の磁気ヘッドがあり、半径方向に移動します。円盤の回転と磁気ヘッドの移動により、円盤上の任意の場所に磁気ヘッドを位置づけることが可能です。

　データの読み書きは、円盤上に仮想的な円を描くことにより行います。この円を**トラック**と呼びます。磁気ディスク装置は円盤の各面にトラックが存在するため、全体で見ると仮想的な円柱が形成されます。これを**シリンダ**と呼びます。トラックは面全体で半径方向に扇形に分割された形になります。これを**セクタ**と呼びます（**図Ⅳ-2-9**）。

　磁気ディスク装置ではデータの読み書きをセクタ単位で行うため、バイト単位で読み書きを行うより高速になります。また、シリンダを用いることにより、任意の場所に位置づけた磁気ヘッドを動かすことなく、より多くのデータの読み書きが可能になります。

▼ **図Ⅳ-2-9　磁気ディスク装置のセクタ、トラック、シリンダ**

3. その他の補助記憶装置

　磁気テープや磁気ディスク以外にも次のような補助記憶装置があります（**表Ⅳ-2-7**）。

▼表IV-2-7　その他の補助記憶装置

記録方式	種類	特徴	容量
光ディスク	CD	レーザの光の反射によりデータを読み込む。読み取り専用のCD-ROM、データの書き込みが可能な追記型のCD-R、書き換えが可能なCD-RWがある。	650Mバイト、700Mバイト
	DVD	CDよりも大容量の媒体である。DVD-Video、DVD-ROM（読み取り専用）、DVD-R（追記型）、DVD+R（追記型）DVD-RAM（書き換え可能）、DVD-RW（書き換え可能）、DVD+RW（書き換え可能）がある。	135分（DVD-Video）、3.9Gバイト（DVD-R）、4.7Gバイト（DVD-ROM、DVD-RW）、両面5.2Gバイト（DVD-RAM）、両面6Gバイト（DVD+RW）
	BD	DVDよりも大容量の媒体で、青色レーザで読み書きする。BD-ROM（読み取り専用）、BD-R（追記型）、BD-RE（書き換え可能）などがある。	25Gバイト（1層）、50Gバイト（2層）
半導体ディスク	フラッシュメモリ（フラッシュEEPROM）	フラッシュメモリを利用した装置で、コンパクトフラッシュ、スマートメディア、メモリースティック、SDメモリカードなどがある。	数Mバイト〜百数Gバイト
	SSD	大容量のフラッシュメモリを組み合わせて構築された、磁気ディスクの代替となる記憶装置である。磁気ディスクと同様のインタフェースを持つ。	数百Gバイト

IV-3　スマートデバイスに関する知識

毎日の生活に欠かすことのできなくなっている、スマートフォンをはじめとするスマートデバイスですが、日々進化し続けています。ここでは、そのスマートデバイスについて学びます。

KEYWORD

- □スマートデバイス　□IoT　□ウェアラブルデバイス
- □ロボティクス　□組込みシステム　□エンベデッドシステム
- □TOFセンサ　□コネクティッドカー　□情報リテラシ
- □デジタルディバイド

スマートデバイス

　われわれの身近な場所で多くのコンピュータが使われています。目に見えているパソコンやスマートフォンのような機器以外にも家電品などにも組込まれていて、日々の生活を豊かに、そして安全にしてくれています。

　ただ、そのような機器を購入、利用できる人たちがいる反面、環境や個人によっては使用が簡単にできない問題もあります。

◎ IoT

　IoT（Internet of Things）は、電化製品や計測機器などをインターネットに接続して、事業者のサーバなどとの間で通信できるようにし、情報交換や自動制御などを行うことです。**モノのインターネット**とも呼ばれています。電力会社のスマートメータなどがIoTの例です。

◎ウェアラブルデバイス

　ウェアラブルデバイスとは、人間が身に着けるもの（時計／眼鏡／イヤホンなど）にコンピュータを内蔵して、歩数や心拍数など身体に関する情報を計測したり、知識の共有を図るIoT機器です。

◎ロボティクス

　ロボティクス（ロボット工学）とは、ロボットの手足を稼働させるための動作機

構や、外部の状況を確認するためのカメラやセンサ、およびロボットを自律的に動作させるためのソフトウェアや人工知能などを研究する学問です。

◎ 組込みシステム (エンベデッドシステム)

　組込みシステムとは、家電製品や機械などに組込まれている特定の機能を処理するマイクロコンピュータシステムです。たとえば、電気炊飯器における火加減調節、電気洗濯機のさまざまな洗濯モードなど、われわれの身近にある家電品には必ずといっていいほどこのシステムは組込まれています。

◎ TOFセンサ

　TOF (Time Of Flight) センサは、光が対象物に反射した時間を計測し、その情報を基に三次元で測定する方式のセンサのことをいいます。他のセンサに比べ、明るくない場所などでも使用できます。自動車の自動ブレーキシステムやゲーム機などにも実用化されています。

◎ コネクティッドカー

　コネクティッドカーとは、インターネットに接続されている車を指します。緊急時に車からの通報を運転者がしなくても警察や消防などに自動的に行ってくれたりする機能や、車同士の通信により安全運転をサポートする機能などが期待できます。

◎ 情報リテラシ

　情報リテラシは、情報を活用できる能力のことです。業務や生活に必要なデータを検索することや、分析や改善などの目的に合わせてデータを活用することが該当します。

◎ デジタルディバイド

　デジタルディバイドは、情報リテラシの有無やITの利用環境の相違などを原因として発生する、社会的または経済的格差のことです。デジタルディバイドの例としては、インターネット接続環境の有無が挙げられます。インターネットに接続できる環境がない人は、環境がある人と比較してインターネット上の重要な情報を入手できない可能性が高いため、情報の格差が生じます。この情報の格差が、社会的または経済的な格差につながるといわれています。

IV-4 その他コンピュータに関する知識

ここではコンピュータを扱うためのソフトウェアの基礎知識として、コンピュータの種類、コンピュータの内部でのデータ表現方法、2進数などについて説明します。また、基本的なシステム構成、信頼性を向上させるシステム構成、その信頼性を測る指標であるMTBFやMTTR、稼働率などについても理解しましょう。

IV

コンピュータの一般知識

KEYWORD

- □コンピュータの種類　□ビット　　　　　□バイト　　　　　□2進数
- □8進数　　　　　　　□16進数　　　　　□文字コード　　　□JPEG
- □MPEG　　　　　　　□MP3　　　　　　　□集中型システム
- □分散型システム　　　□クライアントサーバシステム
- □クラウドサービス　　□シンクライアント　□デュアルシステム
- □デュプレックスシステム　　　　　　　　　□RASIS　　　　　□MTBF
- □MTTR　　　　　　　□システムの稼働率

コンピュータの種類

　コンピュータの種類には、汎用コンピュータ、オフィスコンピュータ、スーパコンピュータ、ワークステーション、パーソナルコンピュータ、マイクロコンピュータ、制御コンピュータなどがあります（**表IV-4-1**）。

▼ 表IV-4-1　代表的なコンピュータの種類

コンピュータの種類	説明
汎用コンピュータ	事務処理から技術計算までさまざまな目的に利用される汎用性の高いコンピュータ。1960年代半ばからコンピュータの発展と活用の中心となってきた。メインフレームとも呼ばれる。
スーパコンピュータ	汎用コンピュータを大規模な科学技術計算に特化させたコンピュータ。
パーソナルコンピュータ	個人用に利用される比較的低価格なコンピュータ。ワードプロセッサや表計算などのソフトウェアが登場し、ビジネスの世界でも利用されている。
マイクロコンピュータ	家電製品や自動車、携帯電話などの機器に制御部品として組み込まれる小型のコンピュータ。
制御コンピュータ	コンビナートや交通管理、発電所、生産ラインなどの各種装置を制御するコンピュータ。

数値表現とデータ表現

　コンピュータの内部では、データは0または1のビットの集合として表されます。ビットはコンピュータにおけるデータの最小単位です。通常は8ビットを1バイトとし、数値やデータを**バイト**単位で表現します。

　コンピュータのデータは、数値データと非数値データに大別することができます。

- 数値データ：数値演算に使用される。2進数や16進数によって表される。
- 非数値データ：画像データ、音声データなど、数値以外の情報の表現で使用する。

◎2進数、8進数、16進数

　データの最小単位であるビットは、0または1の2つの値をとります。そのため、数値データを扱う場合は、**2進数**、**8進数**、**16進数**で表すことになります（**表IV-4-2**）。

▼ 表IV-4-2　2進数、8進数、16進数

10進	2進	8進	16進	10進	2進	8進	16進
0	0000	0	0	9	1001	11	9
1	0001	1	1	10	1010	12	A
2	0010	2	2	11	1011	13	B
3	0011	3	3	12	1100	14	C
4	0100	4	4	13	1101	15	D
5	0101	5	5	14	1110	16	E
6	0110	6	6	15	1111	17	F
7	0111	7	7	16	10000	20	10
8	1000	10	8				

文字コード

　コンピュータで入出力される文字はすべて**文字コード**で処理されています。代表的な文字コードは、次のとおりです（**表IV-4-3**）。

▼ 表IV-4-3　よく使われる文字コード

名称	説明
ASCIIコード	ANSI（米規格協会）が制定した、1文字を7ビットで表現する文字コード。
EBCDIC	IBM社が制定した拡張2進化10進符号のこと。1文字を8ビットで表現する。
JISコード	JIS（日本工業規格）が制定したコード。数字・英字・各種記号・カタカナは1文字を8ビットで表現し、漢字は16ビットで表現する。
シフトJISコード	Microsoft社が制定した主にパソコンで使用されている文字コード。16ビットを使用して日本語で使用するほぼすべての文字を表現できる。
EUC	AT&Tが制定したUNIXなどで使用されている文字コード。日本語EUC（EUC-JP）は、2バイトで漢字も表現できる。
Unicode	ISOとIECが制定した、世界各国の言語体系に対応した文字コード。すべての国の文字を2バイト（16ビット）でほぼ網羅したUSC-2や、2バイトでは足りないために3バイト以上で表現するもの、4バイトで表現しているUSC-4などがある。

マルチメディアデータの標準化

◎画像や音声ファイル形式

画像や音声データを扱う場合、次のファイル形式がよく利用されます。

1. JPEG

JPEG（Joint Photographic Experts Group）とは、静止画像の圧縮方式を策定する組織およびその圧縮方式の名称のことです。JPEGでは、圧縮されたデータを元に戻すときに画質が低下する場合があり、忠実に画像を復元できるとは限りません。このような圧縮方式を非可逆圧縮といいます。

2. MPEG

MPEG（Moving Picture Experts Group）とは、動画像の符号化方式を策定する組織およびその符号化方式の名称のことです。MPEGによって策定された動画像の符号化方式にはいくつかの種類があります。

- **MPEG1**：転送速度が1.5Mビット／秒程度で、CD-ROMなどの蓄積メディアを対象とする。
- **MPEG2**：転送速度が数M〜数十Mビット／秒で、DVDやデジタルテレビなどで使用される。
- **MPEG4**：携帯電話や電話回線など比較的速度が遅い回線でも使えるよう、動画と音声を高効率で圧縮する。HDビデオやBlu-rayでも使われている。

3. MP3

MP3（MPEG audio Layer-3）は、MPEG1の音声部分の圧縮アルゴリズムのうち、レイヤ3と呼ばれるアルゴリズムによって圧縮化される音声ファイルの名称です。

◎画像や音声を扱うマークアップ言語

画像ファイルや音声ファイルを扱うことのできるマークアップ言語には、**HTML**（HyperText Markup Language）の他に次のものがあります。

1. SGML

SGML（Standard Generalized Markup Language）は、文書の内容を構造化して記述するマークアップ言語です。SGMLでは文書中の要素（タイトル、注釈、見出し、段落など）がタグによりマークアップされ、明示されます。そのため、文書中の特定要素の検索やタイトルの一覧作成などの作業が容易になります。HTMLやXMLは、SGMLをもとに作成された言語です。

2. XML

XML（Extensible Markup Language）は、HTMLと同様にSGMLを拡張したマークアップ言語です。HTMLと同様にテキストベースでタグを使って文書の構造や見栄えを指定することができます。HTMLとは異なり、ユーザが独自のタグを定義できるため、マークアップ言語を作成するためのメタ言語ともいわれます。

システムの処理形態

コンピュータシステムは、集中型システムと分散型システム（垂直／水平分散または負荷／機能分散）などに分類されます。

◎集中型システム

集中型システムとは、**ホストコンピュータ**がほぼすべての処理を実行する形態のことです（**図IV-4-1**）。**端末**は、通信機能と入出力機能のみ備えています。

▼ 図Ⅳ-4-1　集中型システムの例

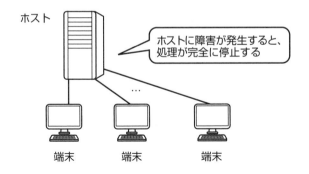

◎ 分散型システム

　分散型システムとは、複数のコンピュータが機能や負荷を分担して処理を実行するシステムのことです（**図Ⅳ-4-2**）。

▼ 図Ⅳ-4-2　分散型システムの例

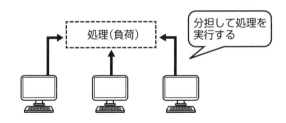

1. クライアントサーバシステム

　クライアントから要求された処理を**サーバ**が実行し、その結果をクライアントに送るシステムを**クライアントサーバシステム**といいます。

　クライアントとサーバで実行するOSは同じである必要はありません。また、1台のコンピュータがサーバとクライアントを兼用することもあります。

　クライアントサーバシステムは、**垂直機能分散システム**の1つです。**プリントサーバ**や**ファイルサーバ**などがよく用いられます。

2. 垂直／水平分散と負荷／機能分散

　分散型システムは、機能と構成をどのように分散させるかによって、次に示すよ

うに分類されます（**表Ⅳ-4-4**）。
- **水平分散**と**垂直分散**：ハードウェアの種類や構成の観点で分散させる方式
- **負荷分散**と**機能分散**：負荷や機能という観点で分散させる方式

▼ 表Ⅳ-4-4　垂直／水平分散と負荷／機能分散

種類	説明
水平分散	処理能力がほぼ同じである複数のコンピュータを水平に（平等な権限で）構成する。
垂直分散	クライアントサーバシステムのように、処理能力が異なる端末やコンピュータなどの機器を階層的に構成する。
負荷分散	同じ機能を実行する際の処理の負荷を複数のコンピュータで分担して負荷を軽減する。
機能分散	異なる機能を複数のシステムで個別に分担する。

NOTE

クライアントサーバシステムでは、通常はサーバのほうがクライアントより処理能力が高くなります。また、機能に応じて複数のサーバを用意することがあるため、垂直機能分散システムに該当します。

3. クラウドサービス

　ネットワークで接続された複数のサーバが抽象化され、実体を意識することなく利用可能な処理形態を**クラウドコンピューティング**といいます。クラウドコンピューティングを利用して、自宅、勤務先および出張先などからデータの参照や更新をできるようにするサービスのことを、**クラウドサービス**といいます。

4. シンクライアント

　ハードディスクを持たず、内部にデータを格納できない形式のノートPCなどを**シンクライアント**といいます。シンクライアントはネットワーク経由でサーバに接続して、サーバ上で稼働する**仮想OS**やアプリケーションの処理結果を受け取って画面に表示します。シンクライアントの利用者がキー操作などを行うと、その内容がネットワーク経由でサーバに届き、仮想OSなどが当該操作に応じた処理をサーバ上で実行します。

　社外でノートPCを紛失して、ハードディスク上に記録されたデータを盗まれる事故に備えるためには、社員に配布するPCをシンクライアントとすべきです。シンクライアントを紛失しても、その中にはデータは記録されていないので情報漏えいの危険性が少なくなります。

IV-5 通信・ネットワークに関する知識

現在多くのコンピュータシステムがネットワークを利用しています。インターネットで利用されるTCP/IP、TCP/IPのIPアドレスとサブネットワーク、その他TCP/IP上で利用されるプロトコルについて学習します。

KEYWORD

□OSI基本参照モデル	□TCP/IP	□IPアドレス	
□ネットワーク部	□ホスト部	□サブネットワーク	
□サブネットマスク	□プレフィクス長	□SMTP	□POP3/IMAP4
□MIME	□FTP	□SNMP	□DNS
□LAN	□トポロジ	□制御方式	□近距離無線通信技術

OSI基本参照モデルとTCP/IP

　ネットワーク上では、プロトコルに従ってデータ通信を行います。ここではOSI基本参照モデルとTCP/IPについて説明します。

◎ OSI基本参照モデル

　OSI（Open Systems Interconnection）**基本参照モデル**は、異なるネットワーク間で通信を行うためのプロトコルの体系を表しています。ISO（国際標準化機構）により制定されたモデルです（**図IV-5-1**）。

▼ 図IV-5-1　OSI基本参照モデル

第7層	応用（アプリケーション）層
第6層	プレゼンテーション層
第5層	セッション層
第4層	トランスポート層
第3層	ネットワーク層
第2層	データリンク層
第1層	物理層

- **物理層**（第1層）：電気的な条件や物理的な条件を規定している層で、インタフェースの規定やモデムなどの制御を行う。
- **データリンク層**（第2層）：ノード間でのデータ伝送制御を規定している層で、データのビット単位のエラー訂正などを行う。
- **ネットワーク層**（第3層）：相手との通信においてその通信経路や中継方式を規定している層で、通信経路上のアドレス管理などを行う。
- **トランスポート層**（第4層）：ネットワーク層で決められたルートにおける信頼性を規定している層で、データのパケット単位での伝送誤りの検出や回復制御を行う。
- **セッション層**（第5層）：通信相手とのデータ伝送手順を規定している層で、全二重通信または半二重通信の決定を行う。
- **プレゼンテーション層**（第6層）：データの文字コードや圧縮、暗号化など文字の使用形式を規定している。
- **応用（アプリケーション）層**（第7層）：通信相手とのサービスを規定している層で、通信で使用するアプリケーションを決定する。

◎ TCP/IP

インターネットでは、TCP/IPというプロトコルを使って通信を行います。TCP/IPを構成する4つの層は、次のようにOSI基本参照モデルと対応しています（図Ⅳ-5-2）。

▼ 図Ⅳ-5-2　OSI基本参照モデル（左）とTCP/IPのプロトコル（右）

OSI基本参照モデル	TCP/IPのプロトコル
応用（アプリケーション）層	アプリケーション層
プレゼンテーション層	
セッション層	
トランスポート層	トランスポート層
ネットワーク層	インターネット層
データリンク層	ネットワークインタフェース層
物理層	

- ネットワークインタフェース層：TCP/IPはこの層の仕様を規定していない。
- インターネット層：OSI基本参照モデルのネットワーク層と同様に、ネットワーク間の接続手段を提供する。IP（Internet Protocol）プロトコルはこの層に属している。
- トランスポート層：OSI基本参照モデルのトランスポート層と同様に、エンドツーエンドのデータ転送手段を提供する。TCP（Transmission Control Protocol）とUDP（User Datagram Protocol）はこの層に属している。また、ポート番号はこの層で付与される。
- アプリケーション層：クライアント側で特定のサービス（HTTPやSMTPなど）を使用するユーザのプロセスやサーバ側にある同じサービスを提供するプロセスはこの層に属している。

IPアドレスとサブネットワーク

インターネットなど、TCP/IPベースのネットワークにアクセスするには、IPアドレスが必要になります。

◎IPアドレス

現在広く使用されているIPv4（IP version 4）のIPアドレスは32ビット長です。8ビットずつを0～255の10進数で表してピリオドで区切り「192.168.1.0」のように表記します。

IPアドレスは、**ネットワーク部**と**ホスト部**の2つの部分から構成されます。

- ネットワーク部：データリンクごとに割り当てられる。同一のデータリンク内のホストのIPアドレスはネットワーク部が必ず同じになる。
- ホスト部：ホストに個別に番号が割り当てられる。

たとえば、**図IV-5-3**においては、ネットワークAのネットワーク部は192.168.1になります。ネットワークAに属するホストやルータなどのIPアドレスの上位24ビットは必ず192.168.1でなければなりません。ホスト部には重複しない値を個別に割り当てます。

▼ 図Ⅳ-5-3　ネットワーク部とホスト部の概念

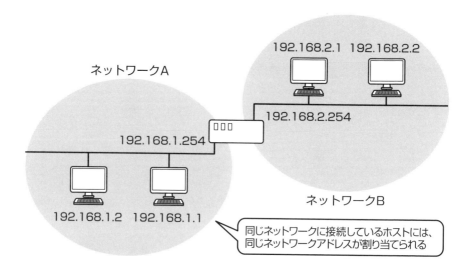

ネットワークA

192.168.2.1　192.168.2.2

192.168.2.254

192.168.1.254

192.168.1.2　192.168.1.1

ネットワークB

同じネットワークに接続しているホストには、
同じネットワークアドレスが割り当てられる

◎サブネットワーク

　IPアドレスでは、どこまでがネットワーク部で、どこからがホスト部なのかを**クラス**（P.174）という概念によって決めています。**サブネットワーク**は、従来クラスによって定められているネットワーク部の長さを、ホスト部の範囲まで拡張するしくみです。サブネットワークを利用することにより、ネットワーク部とホスト部の範囲を細かく指定し、IPアドレスを無駄なく利用することができるようになります。

　IPアドレスにサブネットワークの概念を適用するには、**サブネットマスク**を使ってネットワーク部の長さを調整します。サブネットマスクとは、ネットワーク部がすべて1、ホスト部がすべて0である数値で、IPアドレスと同様に255.255.255.0のように表記します。サブネットマスクのネットワーク部の長さは、IPアドレスに**プレフィクス長**を併記することにより示します。

　たとえば、ネットワーク部とホスト部がそれぞれ16ビットであると決められているクラスBのIPアドレスがあるとしましょう。このIPアドレスのネットワーク部を22ビットにしたい場合には、プレフィクス長を22ビットとして255.255.252.0というサブネットマスクを利用します。クラスBのネットワーク部は16ビットであることから、これにより6ビット拡張したことになります（**図Ⅳ-5-4**）。

▼ 図IV-5-4　サブネットマスクとプレフィクス長の概念

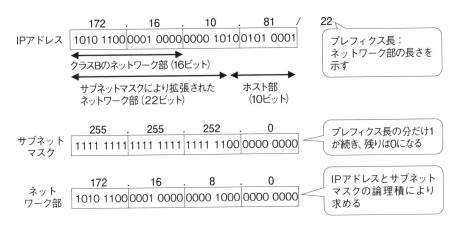

　この例の場合、IPアドレスのうち22ビットはネットワーク部になるため、ホスト部として利用できるのは10ビットです。したがって、IPアドレスを割り当てられるホストの数は$2^{10} = 1,024$となります。しかし、ホスト部がすべて0のアドレスとすべて1のアドレスは特定の用途に使われるため、割り当て可能なアドレスは$1,024 - 2 = 1,022$個になります。

ホスト部がすべて0のアドレスは、ネットワークそのもののアドレスを示すネットワークアドレスとして利用されます。一方、すべて1のアドレスはブロードキャストアドレスです。ブロードキャストアドレスは、同一ネットワーク内のすべての端末にデータを送信するときに利用されます。

TCP/IPで使われる代表的なプロトコル

　TCP/IPネットワークでは、メールの送信やファイルの転送といったサービスは、アプリケーション層のプロトコルとして定義されています。ここでは、代表的なプロトコルについて説明します。

◎電子メールのプロトコル

　SMTP（Simple Mail Transfer Protocol）は、電子メールシステムにおいてメールサーバ間での電子メールの送受信やクライアントからの電子メールの送信を行う

ためのプロトコルです。

　一方、クライアントがメールサーバ上のメールボックスからメールを取り出して受信する際には、**POP3**（Post Office Protocol 3）や**IMAP4**（Internet Message Access Protocol 4）というプロトコルを利用します（**図Ⅳ-5-5**）。

▼ **図Ⅳ-5-5　SMTPとPOP3**

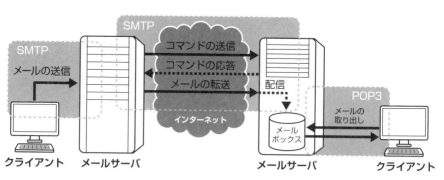

　電子メールではテキスト以外にも、静止画像、動画像、音声といったさまざまなデータをやりとりします。電子メールでさまざまな形式の情報を統一して扱うために、**MIME**（Multipurpose Internet Mail Extension）というプロトコルを利用します。

◎ FTP

　FTP（File Transfer Protocol）は、ファイルをコンピュータ間で送受信するときに使用するプロトコルです。

◎ SNMP

　SNMP（Simple Network Management Protocol）は、IPネットワーク上でネットワーク機器の監視と制御を行うためのプロトコルです。SNMPでは、ネットワーク機器の管理者側を**マネージャ**、被管理者側を**エージェント**といいます。マネージャは、**表Ⅳ-5-1**の5つのメッセージを使用してエージェントと情報をやりとりします。

▼ 表IV-5-1　SNMPで使用されるメッセージ

メッセージ	送信の方向	内容
GetRequest	マネージャ　→　エージェント	情報要求
GetNextRequest	マネージャ　→　エージェント	次の情報要求
GetResponse	エージェント　→　マネージャ	GetRequestに対する応答
SetRequest	マネージャ　→　エージェント	情報の設定
Trap	エージェント　→　マネージャ	異常や緊急の信号

◎ DNS

　DNS（Domain Name System）とは、インターネット上にある機器のホスト名とIPアドレスを相互に対応づけるためのシステムです。ドメインは、次のようにツリー構造で表されます（図IV-5-6）。DNSサーバはホスト名とIPアドレスを対応づける情報を持ち、ホスト名からIPアドレスを、またはIPアドレスからホスト名を割り出します。該当する情報がなければ、他のDNSサーバに問い合わせることが可能です。

▼ 図IV-5-6　ホスト名の構造

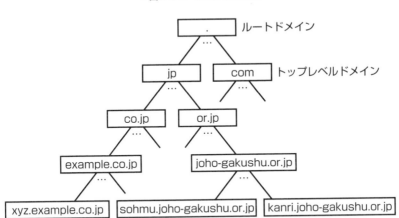

◎ DHCP

　DHCP（Dynamic Host Configuration Protocol）は、サーバがインターネットに接続するクライアントにIPアドレスなどを動的に割り当てるためのプロトコルです。

LAN

　企業などの組織において限定された地域内に構築されたネットワークを、**LAN**（Local Area Network）といいます。

◎LANのトポロジ

　LANには、**バス型**、**スター型**、**リング型**というトポロジ（配線形態）があります（**図Ⅳ-5-7**）。

▼**図Ⅳ-5-7　LANのトポロジ**

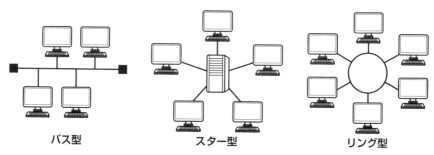

バス型　　　　　　　**スター型**　　　　　　　**リング型**

　バス型は1本の回線上に端末などを接続する方式、スター型は中心に交換機のような各回線を集中管理する装置を置いて制御する方式、リング型は伝送路をリング（環）状にして端末などを接続する方式です。

◎制御方式

　LANは、以下の制御方式があります。

1. CSMA/CD方式

　CSMA/CD（Carrier Sense Multiple Access with Collision Detection：**搬送波感知多重アクセス／衝突検知**）**方式**では、各ノードがデータを送信する際に、伝送路上にデータがないことを確認してからデータを送信します。他のデータが伝送路上を流れている場合には一定時間待ってから再送します。

2. CSMA/CA

　CSMA/CA（Carrier Sense Multiple Access with Collision Avoidance：**搬送波感知多重アクセス／衝突回避**）方式は、無線LANの通信規格の通信手順として採

用されているものです。CSMA/CDと同じように、通信開始時に無線LANに現在
通信をしているコンピュータがいないかどうかを確認してから送信します。

◎無線LAN
　近年は無線LANも広く用いられています。主な無線LANの規格は**表IV-5-2**のと
おりです。

▼ 表IV-5-2　主な無線LANの規格（表III-7-1を再掲）

無線LANの規格	IEEE 802.11a	IEEE 802.11b	IEEE 802.11g	IEEE 802.11n	IEEE 802.11ac
周波数	5GHz	2.4GHz	2.4GHz	2.4GHz/ 5GHz	5GHz
最大実効速度	54Mbps	11Mbps	54Mbps	600Mbps	6.9Gbps
変調方式（物理層）	OFDM	CCK、 QPSKなど	OFDM、 PBCC	OFDM	OFDM
MAC層	CSMA/CA				

◎LAN間接続装置
　異なるLAN同士を接続するためには、目的に合わせた機器が必要になります（**図
IV-5-8**）。

1. リピータ（ハブ）
　リピータ（ハブ）は、**物理層**でLANを接続するために使用される装置です。リピー
タにより信号を増幅することができますが、接続数は4段までと決められています。

2. ブリッジ／スイッチングハブ
　ブリッジやスイッチングハブは、**データリンク層**でLANを接続するために使用さ
れる装置です。これらの装置では、MACアドレスを使ってパケットを振り分けます。

3. ルータ
　ルータは、**ネットワーク層**でLANを接続するために使用される装置です。他のルー
タにデータを送信するルーティングなどを行うことができます。

4. ゲートウェイ
　ゲートウェイは、**トランスポート層**以上でLANを接続するために使用される装
置です。まったく異なるプロトコルを使用するLAN同士の接続に使用します。

▼ 図IV-5-8　LAN間接続装置の例

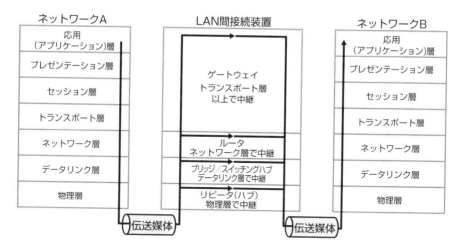

 IPアドレスとクラス

32ビットのIPアドレスのうち、どこまでがネットワーク部かを示すためにクラスという概念が使われます。クラスにはクラスAからクラスEまでがあり、通常はIPアドレスの分類に使われます（**表IV-5-3**）。

▼ 表IV-5-3　クラスの概要

クラス	説明
クラスA	最上位の1ビットが0、それに続く7ビットをネットワーク部とし、残りの24ビットをホスト部とする。クラスAでは2^{24} = 16,777,216 - 2（ネットワークアドレスとブロードキャストアドレス分）= 16,777,214台のホストにIPアドレスを割り当てることができる。
クラスB	最上位の2ビットが10で、それに続く14ビットをネットワーク部とし、残りの16ビットをホスト部とする。クラスBでは2^{16} = 65,536 - 2 = 65,534台のホストにIPアドレスを割り当てることができる。
クラスC	最上位の3ビットが110で、それに続く21ビットをネットワーク部とし、残りの8ビットをホスト部とする。クラスCでは2^{8} = 256 - 2 = 254台のホストにIPアドレスを割り当てることができる。
クラスD	最上位の4ビットが1110で、それに続く28ビットがネットワーク部となる。クラスDのIPアドレスはIPマルチキャストと呼ばれ、1対多の通信を行うときに利用される。
クラスE	最上位の4ビットが1111になる。将来の実験用に予約されている。

レイヤ3スイッチ

ルータと同様に、ネットワーク層でLANを接続するために使う機器にレイヤ3ス
イッチがあります。レイヤ3スイッチは、データリンク層のスイッチとルータの両方
の機能を備えています。ルータはLANとLANを接続しますが、レイヤ3スイッチは
LAN内のサブネットワーク同士を接続します。ただし、技術の進歩により、最近で
はルータとレイヤ3スイッチの違いがほぼなくなりつつあります。

近距離無線通信技術

デバイス間の通信を行うといった目的で使われる近距離無線通信の技術には、次
のようなものがあります。

◎ Bluetooth

Bluetoothは、2.45GHz帯を使用して10cmから10m程度の範囲内で双方向1M
ビット／秒の通信速度を実現している無線通信技術のことです。

◎ NFC

Near Field Communication。ソニーとNXPセミコンダクターズが共同開発した、
無線通信の国際規格です。正式名称をISO/IEC 18092といいます。ソニーが開発し
たFelicaなどの非接触式無線通信規格と下位互換性を持ち、十数cm程度の近距離
において、13.56MHzの周波数の電波を使用して非接触式の通信を実現しています。
JR東日本のSuicaはNFCの一種です。

◎ IrDA

赤外線を利用した近距離データ通信として1993年に制定された規格、および規
格を制定した団体の名称です。

IV

コンピュータの一般知識

Ⅳ-6 データベースに関する知識

主な基幹システムでは関係データベースやその操作言語であるSQLが長年使用されています。また、最近ではSNSなどのデータベースでは関係データベースやSQLを使用しないNoSQLという考え方も出現しています。

KEYWORD

□データベース　　　　　□データベース管理システム（DBMS）
□関係型データベース　　□関係型データベース管理システム（RDBMS）
□SQL　　　　　　　　　□E-R図　　　　　　□エンティティ
□リレーションシップ　　□主キー　　　　　□NoSQL　　　　□KVS

データベース

データベースとは、データの集合のことです。たとえば、アドレス帳のように氏名、住所、電話番号などを1件のデータとして複数件のデータを登録し、検索や更新などの操作を実行できるようにします。

データベースは、**データベース管理システム（DBMS）** というソフトウェアを利用することにより複数のユーザからのアクセスを可能にします。現在では、Oracle、SQL Server、MySQLなどの**関係（リレーショナル）型データベース**と**関係型データベース管理システム（RDBMS）**が広く利用されています。

関係型データベースでは、行と列からなるテーブル形式でデータを表現します。関係型データベースのデータを操作する際には、**SQL**（Structured Query Language）などを利用します。

◎E-R図

情報システムに関する各種のデータや現実世界の事物などのことを**エンティティ**（実体）といいます。エンティティ間の関係性（関連）のことを、**リレーションシップ**（関連）といいます。情報システムを構成するエンティティと、エンティティ間のリレーションシップを表現するための図が**E-R図**です（**図Ⅳ-6-1**）。

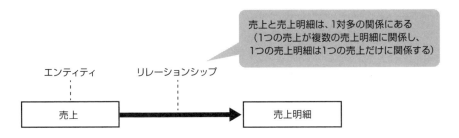

IV

コンピュータの一般知識

E-R図は、関係データベースを利用するシステムを設計する際に、関係データベースの表をエンティティ、表と表の間の関係をリレーションシップとして表現するためによく用いられます。

◎主キー

関係データベースの表の行を検索するときなどに、行を一意に区別するための値が必要となります。この値を持つ列のことを**主キー**といいます。関係データベースでは、表の1つの列または複数の列の組が主キーとして用いられます。関係データベースの表の作成者は、表の主キーとなる列を指定する必要があります。主キーの値を指定すると、表のただ1つの行だけが抽出されます。また、主キーの列の値が重複する行が、表の中に複数存在してはならないという規則があります。

◎NoSQL

NoSQL（Not only SQL）は、関係データベースを使用しないでデータを管理する方法の総称です。複数のテーブルを用いずにデータ管理する**KVS**（Key Value Store）などが代表的です。関係データベースと異なり、データの結合や集計などはできませんが、ビッグデータ（P.178）のような大量の情報を扱うのに向いています。

IV-7 ビッグデータおよび その他技術に関する知識

近年、コンピュータの高性能化やストレージの大容量化によって多くのデータを無造作に大量に蓄積したビッグデータを経営など業務に使用することが増えてきました。そのデータの分析方法などについて学びます。

KEYWORD

□ビッグデータ　　　　□AI　　　　　　　□人工知能　　　　□機械学習
□ディープラーニング（深層学習）　　　　□ニューラルネットワーク
□RPA　　　　　　　□デジタルツイン　　□AR　　　　　　□VR
□MR

ビッグデータ

　ビッグデータとは、通販サイトが扱う年間の売上データや、通信事業者の月当たりの携帯電話通信の記録など、一般的なデータベース管理システムでは扱いが難しいほど膨大な量のデータのことです。ビッグデータの分析には、高性能のコンピュータを複数台同時に稼働させ、多数の顧客の嗜好や売上傾向を把握して効果的な販売計画を立てたりすることが可能です。

　ビッグデータには次の3つの特性があるといわれています。それぞれの頭文字をとって「3つのV」と呼ばれます。さらに別の要素を加え、5つのV、7つのVなどといわれることもあります。

- **多様性**（Variety）
  構造化されたデータだけでなく、音声・動画・センサーからの情報といった非構造化データ、半構造化データなど多様なデータを扱います。
- **頻度**（Velocity）
  変化や更新が非常に速いデータを取り扱うことが求められます。
- **量**（Volume）
  膨大な量のデータから、新たな価値を生み出します。

　総務省の情報通信白書 平成29年版では、ビッグデータについて以下のように記述しています。

> デジタル化の更なる進展やネットワークの高度化、またスマートフォンやセンサー等IoT関連機器の小型化・低コスト化によるIoTの進展により、スマートフォン等を通じた位置情報や行動履歴、インターネットやテレビでの視聴・消費行動等に関する情報、また小型化したセンサー等から得られる膨大なデータ、すなわちビッグデータを効率的に収集・共有できる環境が実現されつつある。
>
> 出典：情報通信白書 平成29年版
> https://www.soumu.go.jp/johotsusintokei/whitepaper/h29.html

AI

　AI（Artificial Intelligence：人工知能）は、人間の知能を構成する機能（学習、推論など）をコンピュータ上で実現させる考え方、およびそのために利用するシステムなどを指します。

◎機械学習とディープラーニング

　機械学習はAIの技術によって、人間の作業データや画像データ、テキストデータなどの特徴を統計的にまとめることです。**ディープラーニング**（深層学習）とは機械学習の手法の1つで、人間の神経回路を模倣した**ニューラルネットワーク**を用いて、複数の信号を使って多角的に学習することをいいます。機械学習では、データ分析の際の着目点を人間が指定しますが、ディープラーニングでは着目点をコンピュータ自らが見つけ出します。

◎ニューラルネットワーク

　コンピュータを使って人間の脳の神経回路を模したモデルのことです。入力された情報を、つながりを持ったいくつかの層を用いて重みづけしながら処理し、出力します。

その他の技術

◎RPA

　RPA（Robotic Process Automation）とは、データ入力や議事録作成など、業務の定型作業をPC内のソフトウェアが代行して行うことです。生産性が向上し、人

手不足の解消やコスト削減が期待できます。

◎デジタルツイン

　デジタルツインは、デジタル空間に各種情報を集めて現実空間と同様なものを再現することでシミュレーションを行うことをいいます。代表的なものでは、自動車のバックモニタで前後左右をシミュレーションして上方から見ているかのようにするものや、サッカーのアシスタントレフリーシステムでゴールラインとボールとの様子を再現する場合に使用されています。

◎AR：拡張現実

　AR（Augmented Reality）とは、コンピュータが作り出した仮想的な映像などの情報を、現実のカメラ映像に重ねて表示したりすることで、現実そのものを拡張する技術のことです。建物の建築予定地を撮影したカメラ映像に、建物の完成予定図から作成したCGの建物を重ね合わせる、などがARの例です。

◎VR：仮想現実

　VR（Virtual Reality）とは、ユーザの動作に連動した映像や音などをコンピュータで作成し、別の空間に入り込んだように感じさせることを指します。

◎MR：複合現実

　MR（Mixed Reality）はARの技術を発展させ、現実の世界を使って、そこに投影されたCGに対して直接作業などが可能な技術のことです。

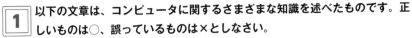

1 以下の文章は、コンピュータに関するさまざまな知識を述べたものです。正しいものは○、誤っているものは×としなさい。

1. 一般的に、スマートデバイスとは、スマートフォンやタブレットPCなどの、携帯性が高く、機能や用途が固定されておらず、ネットワークに接続でき、いつでもどこでも利用できるコンピュータ製品の総称である。

2. レジスタは、キャッシュメモリに次いで高速に動作する半導体メモリであり、CPU内の一時的な記憶装置として用いられ、主にSRAMが利用される。

3. PDF形式のファイルは、文字情報だけではなく、フォントや文字のサイズ、文字飾り、埋め込まれた画像などの情報が保存でき、コンピュータの機種や環境、OSなどに依存せずに、オリジナルとほぼ同じ状態で文章や画像などの閲覧が可能である。

4. IMAP4とは、メールサーバから電子メールを受信するためのプロトコルの1つであり、メールサーバ上でメッセージを保管・管理し、受信したいメールだけを選択してダウンロードすることができる。

5. ASCIIコードとは、米国規格協会（ANSI）が定めた情報交換用の文字コードで、7bitで表現され、128種類のローマ字、数字、記号、制御コードで構成されている。

6. クロックとは、コンピュータ内の動作タイミングをとるためにパルス（クロック信号）を発生させる回路のことで、クロック周波数の単位はHzである。

7. リレーショナル型データベースとは、行と列から構成される2次元の表形式でデータを表し、データ同士は複数の表と表との関係によって関連づけられる。データを操作する際は、構造化問い合わせ言語であるSQLを利用する。

> **2** 以下の文章を読み、（　）内のそれぞれに入る最も適切な語句の組み合わせを、選択肢（ア～エ）から1つ選びなさい。

1.

（ａ）：近距離無線通信技術の1つであり、スマートフォンや携帯電話、ノートパソコン、周辺機器などを、ケーブルを使わずに接続して、音声データや文字データなどをやりとりする際に利用されている。用途や機器によって、実装すべき機能やプロトコルが個別に策定されている。

（ｂ）：近距離無線通信技術の1つであり、国際標準規格として認証されているものである。通信距離は10cm程度に限定されていて、対応機器をかざすだけで通信が可能となるが、低速であるため、大容量のデータのやり取りには適していない。

（ｃ）：赤外線データ通信の規格にかかわる民間の標準化団体の名称と同じ無線（赤外線）のインタフェース規格であり、ノートパソコンやプリンタ、デジタルカメラなどの外部通信機能として利用されている。

　　　ア：(a) Bluetooth　　　(b) NFC　　　(c) IrDA

　　　イ：(a) CDMA　　　　(b) FTTB　　　(c) IrDA

　　　ウ：(a) Bluetooth　　　(b) FTTB　　　(c) BLE

　　　エ：(a) CDMA　　　　(b) NFC　　　(c) BLE

2.

（ａ）：カメラやマイク、センサーなどを利用し、現実の環境での視覚や聴覚、触覚などの知覚に与えられる情報を重ね合わせて、コンピュータによる処理で追加あるいは削減、変化させるなどの技術の総称である。たとえば、位置情報を利用した、スマートフォンの画面内に現実の風景を取り入れて行うゲームなどが挙げられる。

（ｂ）：コンピュータや周辺機器、専用装置などを利用して、人間の感覚器官に働きかけ、現実ではないが実質的に現実のように体感できる環境を、人工的に作り出す技術の総称である。たとえば、CGや音響技術などを利用して、空間や物体、時間などに関する現実感を作り出すことなどが挙げられる。

（ c ）：一般消費者向け機器では、カメラやスマートウォッチなどの情報・映像型機器
や、活動量計等のモニタリング機能を有するスポーツ・フィットネス型機器など
が挙げられる。業務用では、医療、警備、防衛等の分野で人間の高度な作業を支
援する端末や、従業員や作業員の作業や環境を管理・監視する端末がすでに実用
化されている。

ア：(a) AR　　　　(b) VR　　　　(c) ウェアラブル端末

イ：(a) MR　　　　(b) SR　　　　(c) ウェアラブル端末

ウ：(a) VR　　　　(b) AR　　　　(c) アクセシビリティ端末

エ：(a) SR　　　　(b) MR　　　　(c) アクセシビリティ端末

3.

（ a ）：Windowsが標準でサポートしている画像ファイル形式であり、白黒からフル
カラーまでの色数を指定できるが、ファイルサイズが大きいためネットワーク上
でのやりとりには適していない。

（ b ）：静止画像のファイル圧縮形式の1つであり、ファイル容量を少なくしたいとき
に用いられることが多く、デジタルカメラなどで撮影した写真の保存形式として
利用されている。

（ c ）：256色以下のカラーやモノクロ画像を圧縮するファイル形式であり、(b) と
ともにWebページの標準形式として多く利用されている。

ア：(a) BMP　　　(b) MPEG　　　(c) FLV

イ：(a) BMP　　　(b) JPEG　　　(c) GIF

ウ：(a) AVI　　　(b) MPEG　　　(c) GIF

エ：(a) AVI　　　(b) JPEG　　　(c) FLV

4.

（ a ）インターネット上にある機器のホスト名とIPアドレスを相互に対応づけるため

IV コンピュータの一般知識

のシステム。

（b）サーバがインターネットに接続するクライアントにIPアドレスを動的に割り当てるためのプロトコル。

（c）現在利用されているインターネットプロトコルを128bitに拡張した次世代インターネットプロトコル。

ア：(a) DHCP　　　(b) IPv6　　　(c) DNS

イ：(a) DNS　　　(b) DHCP　　　(c) IPv6

ウ：(a) DHCP　　　(b) DNS　　　(c) IPv6

エ：(a) IPv6　　　(b) DNS　　　(c) DHCP

5. 分散型システムは、機能と構成をどのように分散させるかによって、（　a　）と（　b　）、負荷分散と機能分散に大別することができる。(a) システムは、処理能力がほぼ同じである複数のコンピュータを平等な権限で構成し、(b)システムは、処理能力が異なる端末やコンピュータなどの機器を階層的に構成する。

(b)システムの1つであるクライアントサーバシステムでは、プリントサーバやファイルサーバなど、機能に応じて複数のサーバを用意することがある。また、クライアントとサーバで実行するOSは（　c　）、1台のコンピュータがサーバとクライアントを（　d　）。

ア：(a) 水平分散　　　(b) 垂直分散　　　(c) 同じでなくてはならず
　　(d) 兼用することはできない

イ：(a) 水平分散　　　(b) 垂直分散　　　(c) 同じである必要はなく
　　(d) 兼用することもある

ウ：(a) 垂直分散　　　(b) 水平分散　　　(c) 同じでなくてはならず
　　(d) 兼用することもある

エ：(a) 垂直分散　　　(b) 水平分散　　　(c) 同じである必要はなく
　　(d) 兼用することはできない

3 次の問いに対応するものを、選択肢（ア～エ）から1つ選びなさい。

1. アクセスカウンタなどの動的なWebページの作成に用いられている、Webサーバがwebブラウザからの要求に応じてプログラムを起動するための仕組みは、次のうちどれか。

ア：SSI　　　イ：COBOL　　　ウ：Exif　　　エ：CGI

2. ビッグデータに関する記述のうち、誤っているものはどれか。

ア：ビッグデータについての確立した定義はないが、総務省「情報通信白書 平成29年版」においては、「デジタル化の更なる進展やネットワークの高度化、また、スマートフォンやセンサー等IoT関連機器の小型化・低コスト化によるIoTの進展により、スマートフォン等を通じた位置情報や行動履歴、インターネットやテレビでの視聴・消費行動等に関する情報、また小型化したセンサー等から得られる膨大なデータ」としている。

イ：ビッグデータを特徴付けるものとして、「3つのV（volume：量、variety：多様性、velocity：速度）」という概念が広く知られているが、4つ以上のVが列挙されているケースも見られる。

ウ：ICTが普及したことで、多種多様・膨大なデジタルデータ（ビッグデータ）をすばやく生みだし、利用できるようになり、AIを使ってこのビッグデータを分析することによって「未知の発見」を可能としている。

エ：ビッグデータとして扱うデータには、構造化データと半構造化データは含まれず、非構造化データのみが含まれている。

3. 次の図は、電子メールシステムにおけるメールの送受信のイメージを表したものである。図中のプロトコルaとプロトコルbに関する記述のうち、正しいものはどれか。

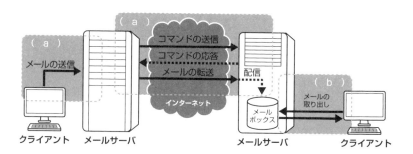

ア：プロトコルaはFTPであり、プロトコルbはSMTPである。

イ：プロトコルaはSMTPであり、プロトコルbはPOP3である。

ウ：プロトコルaはPOP3であり、プロトコルbはUDPである。

エ：プロトコルaはUDPであり、プロトコルbはFTPである。

4. ハードディスクよりもデータの読み書きが高速で行える、大容量のフラッシュメモリを利用した記憶装置は、次のうちどれか。

ア：SSD　　　　イ：DLT　　　　ウ：レジスタ　　　　エ：SuperDisk

解答・解説

1
1. ○   2. ×   3. ○   4. ○   5. ○   6. ○
7. ○

解説

4. レジスタは、CPUに内蔵された、小容量で高速に動作する記憶素子です。キャッシュメモリは、レジスタに次いで高速に動作する半導体メモリで、CPU内の一時的な記憶装置として用いられ、主にSRAMが利用されます。

7. リレーショナル型データベースは、RDBや関係型データベースとも呼ばれます。

2
1. ア   2. ア   3. イ   4. イ   5. イ

解説

2. ARは「Augmented Reality（拡張現実）」、VRは「Virtual Reality（仮想現実）」、MRは「Mixed Reality（複合現実）」、SRは「Substitutional Reality（代替現実）」の略語です。

3. MPEGは動画・音声データを圧縮する方式の1つです。FLVは主にFlash Playerで使われていた動画ファイル形式の1つです。

5. クライアントとサーバで実行するOSが同じである必要はありません。また、1台のコンピュータがサーバとクライアントを兼用することもあります。

3
1. エ   2. エ   3. イ   4. ア

解説

1. アのSSI（Server Side Includes）は、HTML文書であらかじめ組み込まれたコマンドを利用する仕組みのことです。イのCOBOLは、事務計算用のプログラミング言語です。ウのExifは、画像データにさまざまな情報を入れて保存しておく

IV

コンピュータの一般知識

書式のことです。

2. ビッグデータとして扱うデータには、構造化データだけではなく、半構造化データや非構造化データも含まれています。構造化データとは、売上データや在庫管理データなど、汎用データベースに収められるように整理されたデータを指します。半構造化データとは、電子メールのデータやXMLデータなどのデータを指すものです。非構造化データとは、SNSやブログでの文章・音声・動画、GPS情報、電子書籍などのさまざまな形式のデータを指すものです。

3. クライアントからの電子メールの送信やメールサーバ間の送受信にはSMTP（Simple Mail Transfer Protocol）が使用されます。また、クライアントからのメールの取り出しにはPOP3（Post Office Protocol）が使用されます。なお、FTP（File Transfer Protocol）はファイル転送プロトコル、UDP（User Datagram Protocol）はアプリケーション間の通信を複雑な仕組みを用いないで実行するプロトコルです。

4. 近年、ノートパソコンなどを中心にハードディスクの代わりに用いられるようになった大容量のフラッシュメモリをSSD（Solid State Drive）といいます。イのDLT（Distributed Ledger Technology）は分散台帳技術のことです。ウのレジスタはCPU内の小容量の記憶装置です。エのSuperDiskとは、磁気を使った記憶装置です。

CHAPTER

総合演習問題

Chapter Ⅰ～Ⅳで学んだ内容を再確認する
ために、演習問題を解いてみましょう。

V-1 情報セキュリティ総論

「情報セキュリティ総論」に関連する問題を解いてみましょう。

演習問題

1 以下の文章は、情報セキュリティに関するさまざまな知識を述べたものです。正しいものは○、誤っているものは×としなさい。

1. OECD8原則の1つである「安全保護の原則」は、個人データは、合理的安全保護措置により、紛失・破壊・使用・修正・開示等から保護すべきであるとしている。

2. 情報セキュリティポリシの構成要素の1つである「情報セキュリティ基本方針」は、「情報セキュリティ対策基準」に定められた情報セキュリティを確保するために、遵守すべき行為および判断などの方針のことであり、「情報セキュリティ対策基準」を決定した後に策定する。

3. 情報セキュリティ監査は、情報セキュリティ対策が適切かどうかを監査人が保証することを目的とする「保証型の監査」と、情報セキュリティ対策の改善のために監査人が助言を行うことを目的とする「助言型の監査」に大別できる。

4. 情報セキュリティにおける脆弱性とは、情報資産を保持する組織や情報システムなどに損害を与える可能性がある出来事のことである。

5. 情報セキュリティマネジメントシステムにおいて、従業者への教育や秘密保持契約の締結は、情報漏えいを未然に防ぐ抑止策として有効である。

6. 「プライバシーマーク制度」は、審査基準となる「JIS Q 15001 個人情報保護マネジメントシステム－要求事項」に適合して、個人情報について適切な保護措置を講じる体制を整備している事業者等を評価し、その旨を示すプライバシーマークを付与し、事業活動に関してプライバシーマークの使用を認める制度である。

2 以下の文章を読み、( ) 内のそれぞれに入る最も適切な語句の組み合わせを、選択肢 (ア～エ) から1つ選びなさい。

1. 情報セキュリティマネジメントシステム (ISMS) を継続的に推進していく手法であるPDCAサイクルの概念を、以下のイメージ図に示す。

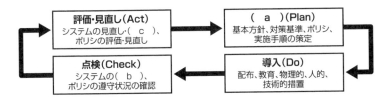

ア：(a) 導入・運用　　(b) 監視　　(c) 改善

イ：(a) 導入・運用　　(b) 改善　　(c) 監視

ウ：(a) 策定　　(b) 監視　　(c) 改善

エ：(a) 策定　　(b) 改善　　(c) 監視

2. JIS Q 27000：2019における情報セキュリティの要素とその定義を、以下の表に示す。

要素	定義
(a)	認可されていない個人、エンティティまたはプロセスに対して、情報を使用させず、また、開示しない特性
(b)	エンティティは、それが主張するとおりのものであるという特性
(c)	意図する行動と結果とが一貫しているという特性

ア：(a) 完全性　　(b) 信頼性　　(c) 真正性

イ：(a) 完全性　　(b) 真正性　　(c) 信頼性

ウ：(a) 機密性　　(b) 信頼性　　(c) 真正性

エ：(a) 機密性　　(b) 真正性　　(c) 信頼性

3 以下の文章の（　）に当てはまる最も適切なものを、選択肢（ア～エ）から1つ選びなさい。

1. 技術やノウハウ等の情報が「営業秘密」として「不正競争防止法」で保護されるためには、秘密管理性・有用性・（　　）の3つの要件をすべて満たす必要がある。

   ア：新規性

   イ：一意性

   ウ：使用性

   エ：非公知性

2. リスク対応の手法の1つである「リスクの回避」の具体例として、（　）ことが挙げられる。

   ア：従業員に対し情報セキュリティ教育を実施したり、室内への不正侵入に備えて警備システムを導入する

   イ：リスクのもつ影響力が小さいため、とくにリスクを低減するためのセキュリティ対策を行わず、許容範囲内として受容する

   ウ：水害などの被害が頻繁にあり、リスクが高いため、そのリスクの低い安全と思われる場所にオフィスを移転する

   エ：リスクが顕在化したときに備え、リスク保険などで損失を充当する

3. 「個人情報保護法」における「要配慮個人情報」とは、本人に対する不当な差別、偏見その他の不利益が生じないようにその取り扱いに特に配慮を要するものとして政令で定める記述等が含まれる個人情報のことである。たとえば、本人の人種、信条、社会的身分等の情報が該当するが、（　）は該当しない。

   ア：有罪の判決を受けこれが確定した事実

   イ：本人を被告人として刑事事件に関する手続が行われたという事実

   ウ：健康診断等を受診したという事実

   エ：「労働安全衛生法」に基づいて行われたストレスチェックの結果

4. 「刑法」における、不正指令電磁的記録作成の罪には、(　) 行為が該当する。

　　ア：銀行のホストコンピュータに侵入して預金残高を不正に書き換える

　　イ：事務処理を誤らせる目的で、それに使う電磁的記録を不正に書き換える

　　ウ：正当な目的がないのに、その使用者の意図とは無関係に勝手に実行されるよ
　　　　うにする目的で、コンピュータウイルスやコンピュータウイルスのプログラ
　　　　ム（ソースコード）を作成する

　　エ：正当な目的がないのに、住民票などの虚偽の公文書データを作成する

4　次の問いに対応するものを、選択肢（ア～エ）から1つ選びなさい。

1. 知的財産権の種類とその保護対象に関する記述のうち、誤っているものはどれか。

　　ア：「意匠権」によって、物品のデザインは保護の対象となるが、物品の外観に
　　　　現れないような構造的機能は、保護の対象とならない。

　　イ：「商標権」によって、商品のマークや名前、サービスのマークや名前は保護
　　　　の対象となるが、国旗と同一または類似のものは、商標登録は認められない。

　　ウ：「実用新案権」によって、物品の形状に関する考案、物品の構造に関する考
　　　　案は保護の対象となるが、方法に係るものは、保護の対象とならない。

　　エ：「特許権」によって、物の発明、方法の発明、物を生産する方法の発明は保
　　　　護の対象となるが、コンピュータプログラムや暗号化アルゴリズムは、保護
　　　　の対象とならない。

2. 情報セキュリティの関連法規に関する記述のうち、誤っているものはどれか。

　　ア：「著作権法」における違法行為の1つとして、販売または有料配信されてい
　　　　る音楽や映像について、それが違法配信されたものであると知りながらダウ
　　　　ンロードする行為が挙げられる。

　　イ：「刑法」において、正当な目的がないのに、使用者の意図とは無関係に勝手
　　　　に実行されるようにする目的で、コンピュータウイルスやコンピュータウイ

ルスのソースコードを取得・保管する行為は、「不正指令電磁的記録供用の
罪」に該当する。

ウ：「マイナンバー法」は、マイナンバー制度に関するルールなどを定めた法律
の通称で、正式名称は「行政手続における特定の個人を識別するための番号
の利用等に関する法律」である。

エ：「不正アクセス行為の禁止等に関する法律（不正アクセス禁止法）」は、不正
アクセス行為だけではなく、不正アクセス行為を助長する行為等を禁止する
法律である。ここでいう不正アクセス行為は、電気通信回線（コンピュータ・
ネットワーク）を通じて行われるものに限定されている。

解答・解説

1 1. ○   2. ×   3. ○   4. ×   5. ○   6. ○

解説

1. OECD8原則では、「収集制限の原則」「データ内容の原則」「目的明確化の原則」「利用制限の原則」「安全保護の原則」「公開の原則」「個人参加の原則」「責任の原則」が規定されています。

2. 「情報セキュリティ基本方針」は、情報セキュリティ対策に対する根本的な考え方を表すもので、情報セキュリティ対策の目的、対象範囲などを盛り込み、組織の情報セキュリティに対する基本的な考え方を定めます。一方の「情報セキュリティ対策基準」は、「情報セキュリティ基本方針」に定めた遵守すべき行為判断など基準のことです。

3. 助言型監査は、システムに内在する問題点を把握し、その改善策（助言）を監査の依頼者に提示することを目的とします。保証型監査は、システムの機密性などの特性を維持するための対策が適切に実行されており、システム監査人が調査した限りシステムに問題がないことを保証します。

4. 問題文は、情報セキュリティにおける脅威に関する説明です。情報セキュリティにおける脆弱性は、脅威が起こる可能性がある情報資産や情報資産を含むシステムの弱点のことです。

6. 現時点でのプライバシーマーク制度の審査基準は、JIS Q 15001：2017です。

2 1. ウ   2. エ

解説

2. 完全性は、JIS Q 27000：2019では、完全性を「正確さ及び完全さを保護する特性」のように定義しています。

3   1. エ   2. ウ   3. ウ   4. ウ

解説

1. 技術やノウハウ等の情報が「営業秘密」として「不正競争防止法」で保護される
   ためには、秘密管理性・有用性・非公知性の3つの要件をすべて満たす必要があ
   ります。「秘密管理性」には、情報にアクセスできる者が制限されていることや、
   情報にアクセスした者がそれが秘密であると認識できること（非公知性）が必要
   です。有用性が認められるためには、その情報が客観的にみて、事業活動にとっ
   て有用であることが必要です。

2. アは「リスクの低減」の具体例です。イは「リスクの保有」の具体例です。エは「リ
   スクの移転」の具体例です。

3. 健康診断等の結果は要配慮個人情報に該当しますが、健康診断等を受診したとい
   う事実自体は該当しません。

4. アは、電子計算機使用詐欺の罪に該当します。イは、電子計算機損壊等業務妨害
   の罪に該当します。エは、電磁的記録不正作出の罪に該当します。

4   1. エ   2. イ

解説

1. 特許権により、物の発明、方法の発明、物を生産する方法の発明は保護の対象と
   なりますが、暗号化アルゴリズム、人為的な取り決めは保護の対象となりません。
   一方で、特許法によれば、コンピュータプログラムは保護の対象となります。

2. 「刑法」において、正当な目的がないのに、使用者の意図とは無関係に勝手に実行
   されるようにする目的で、コンピュータウイルスやコンピュータウイルスのソー
   スコードを取得・保管する行為は、「不正指令電磁的記録取得・保管の罪」に該当
   します。 なお、「不正指令電磁的記録供用の罪」とは、正当な目的がないのに、
   コンピュータウイルスを、その使用者の意図とは無関係に勝手に実行される状態
   にした場合や、その状態にしようとした行為が該当します。

V-2 脅威と情報セキュリティ対策①

「脅威と情報セキュリティ対策①」に関連する問題を解いてみましょう。

演習問題

1 以下の文章は、情報セキュリティに関するさまざまな知識を述べたものです。正しいものは○、誤っているものは×としなさい。

1. TOBとは、知り得た重要な情報を第三者に漏えいさせないことなどを約束させる目的で取り交わされるものであり、守秘義務契約や非開示契約などとも呼ばれる。

2. コンピュータや周辺機器などにセキュリティワイヤーを装着する主な目的は、通信ノイズの低減や通信障害を低減することである。製品によっては、使用していないポートを塞いで、ケーブルの不正な接続などを防止することができるものもある。

3. バイオメトリクスによる認証方式の1つである指紋認証は、製品によっては、読み取り装置に直接触れて認証を行うため、その場合は衛生面での課題があり、湿度や外的な要因などによって正しく認証されない場合がある。

4. MDMとは、企業で利用されるスマートフォンやタブレットなどのモバイル機器に関して、システム設定などを統合的に効率よく管理する手法のことである。また、そのために利用するソフトウェアや情報システムなどを指すこともある。

5. 入退室の正当な権利を持つ人の後ろについて不正に入室してしまう脅威のことを、ピギーバックという。

2 以下の文章を読み、（　）内のそれぞれに入る最も適切な語句の組み合わせを、選択肢（ア～エ）から1つ選びなさい。

1. ノートパソコンなどのモバイル機器を外部に持ち出す場合には、紛失や盗難の可能性があるため、ハードディスクに暗号化を施したりすることで（ a ）を高める

ことができる。また、パスワードの入力などをのぞき見されないように（b）を
用いるといった対策も必要である。

ア：（a）耐タンパ性　　（b）偏光フィルタ

イ：（a）耐タンパ性　　（b）Webフィルタリング

ウ：（a）互換性　　　　（b）偏光フィルタ

エ：（a）互換性　　　　（b）Webフィルタリング

3 以下の文章の（　）に当てはまる最も適切なものを、選択肢（ア～エ）から
1つ選びなさい。

1. ヒューマンエラーの代表的なものとして、（　）などが挙げられる。

ア：金銭目的による、情報の持出しや開示

イ：契約不履行による、他社からの損害賠償請求

ウ：データのアップロードミスや重要書類の誤廃棄

エ：上司や同僚からのパワーハラスメントやセクシャルハラスメント

2. （ア：PBX　イ：UPS　ウ：DTE　エ：ACD）は、無停電電源装置とも呼ばれ、
これを設置することによって、外部からの電力供給が途絶えても、一定時間電力
を供給し続けることができるようになる。

3. 自社の事務業務を行う労働者が、正社員以外に、契約社員、パートタイマー、嘱
託社員、派遣社員がいる場合、自社と雇用関係のある者は（　）である。

ア：契約社員、パートタイマー

イ：契約社員、パートタイマー、嘱託社員

ウ：嘱託社員、派遣社員

エ：契約社員、派遣社員

4. 重要資料保管室の出入口は、（　）ことが望ましい。

ア：部署ごとに配付されている共有のカードキーを用いて、施錠・解錠をする

イ：従業員一人ひとりに発行されているIDカードと本人のみが知るパスワードなど、複数の認証方式を併用した入退管理を行う

ウ：シリンダーキーによって施錠し、シリンダーキーは社員のみが自由に持ち出せるようにする

エ：ディンプルキーによって施錠し、ディンプルキーは関係者一人ひとりに貸与する

4 **次の問いに対応するものを、選択肢（ア～エ）から1つ選びなさい。**

1. 複合機の利用に関する記述のうち、不適切なものはどれか。

ア：複合機の不正利用による情報漏えいを防ぐため、機密印刷機能などのセキュリティ機能を導入する。また、ジョブログやアクセスログを収集して、不正操作が行われた際には、日時の特定や利用者の特定を行う。

イ：複合機の導入時には、管理者用のアカウント・パスワードは、工場出荷時に設定されているものから変更する。

ウ：複合機に内蔵のハードディスクに、FAXによる送受信のための一時的な作業データが記録されている場合、すべての利用者がこのデータを閲覧できるようにして、不要なデータを随時消去できる仕組みにする。

エ：誤送信を防ぐため、テンキーからFAX番号を直接入力して送信する場合は、確認のために同じ番号を複数回入力し、複数回入力した番号が一致しないときは送信されないような機能を導入する。

2. 災害に関する脅威やその対策等に関する記述のうち、誤っているものはどれか。

ア：自然災害の対策は、可用性の向上を主な目的として、脅威の発生頻度、発生時の被害の大きさの分析、情報資産の重要性を加味して決定することが重要である。

イ：落雷によって雷サージが発生し、それによって機器が故障してしまう事態を避けるために、アレスタを用いて電圧を機器の絶縁レベル以下に制御することが可能である。

ウ：災害などにより機器が故障しても、一部の機能を減らして運転を続けるフェールソフトという考え方がある。

エ：火災の発生時にはコンピュータや書類などにもダメージが及ぶため、消火設備には通常のスプリンクラーより散水される水の粒が細かい水噴霧消火設備を使用する必要がある。

解答・解説

1
1. ×　　**2.** ×　　**3.** ○　　**4.** ○　　**5.** ○

解説

1. 問題文は、NDA（Non-Disclosure Agreement）に関する説明です。TOBは、株式公開買い付け（Take Over Bid）の略称です。

2. セキュリティワイヤーは、パソコンなどの機器を机などに固定し、不正な持ち出しや盗難を防止するための器具です。シリンダ錠やダイヤル錠などでロックします。製品によっては、使用していないポートを塞いで、ケーブルの不正な接続などを防止できるものもあります。

5. ピギーバックへの対策として、入室した際の認証記録がない者の退室を許可しない仕組みが必要で、セキュリティゲート（サークルゲートやスイングゲートなど）の設置などを行います。

2
1. ア

解説

1. ハードディスクに暗号化を施したりすることで、物理的もしくは論理的に内部情報を読み取られる可能性を減らすことを、耐タンパ性を高めるといいます。

3
1. ウ　　**2.** イ　　**3.** イ　　**4.** イ

解説

1. ヒューマンエラーとは、不注意による人為的なミスのことで、慣れていないツールを利用する場合や、作業結果の確認が容易にできない場合などに起こりやすいものです。

2. UPS（Uninterruptible Power Supply：無停電電源装置）は、商用電源の一時的な停電や瞬断によって電流の供給が絶たれた場合に、コンピュータなどに一定時間安全に電流を供給するための装置です。コンセントから供給される電流が途絶えた場合にはバッテリー内の電気を利用して即座に電流を供給するので、瞬断にも対応できます。

3. 自社と雇用関係にあるのは、期間の定めのある契約社員、時間パートタイマー、嘱託社員で、派遣社員は派遣会社と雇用契約があります。

4　1. ウ　　2. エ

解説

1. 複合機に内蔵のハードディスクに、FAXによる送受信のための一時的な作業データが内蔵のハードディスクに記録されている場合、その情報の漏えいを防ぐため、データの暗号化や、担当者に限定したデータの消去を必要に応じて行うようにします。

2. 火災の発生時にはコンピュータや書類などにもダメージが及ぶため、消火設備には不活性ガス（二酸化炭素や窒素、そしてその混合物）を使用する必要があります。機器が故障しても一部の機能を減らして運転を続ける考え方をフェールソフト、故障時にはシステムを停止させるなどの安全な状態にさせる考え方をフェールセーフといいます。

V-3 脅威と情報セキュリティ対策②

「脅威と情報セキュリティ対策②」に関連する問題を解いてみましょう。

演習問題

1 以下の文章は、情報セキュリティに関するさまざまな知識を述べたものです。正しいものは○、誤っているものは×としなさい。

1. マルウェア感染などの被害に備えて、定期的にバックアップを行うことが必要であり、外付けハードディスクをバックアップ用のメディアとして利用する場合は、そのハードディスクを常時ネットワークに接続しておくべきである。

2. PKIとは、公開鍵暗号基盤とも呼ばれるもので、公開鍵暗号方式を利用するための周辺技術や概念、公開鍵暗号技術を応用して構築される環境などの総称である。

3. クリッピングとは、ネットワークに接続されているコンピュータのデータや、ネットワーク上に流れるデータを、不正な手段を用いて抜き取ったり、盗み見をする行為などのことであり、盗聴ともいう。

4. パスワードの文字列として考えられるすべての組み合わせを順に試していき、パスワードを推測する手法のことを、リバースブルートフォース攻撃という。

5. ボットとは、インターネットを通じてコンピュータを外部から操るソフトウェアで、ボットに感染したコンピュータは外部からの指示に従って不正な処理を実行する。

2 以下の文章を読み、( )内のそれぞれに入る最も適切な語句の組み合わせを、選択肢（ア～エ）から１つ選びなさい。

1. 電子メールの送受信で使われるプロトコルをまとめると、次のようになる。

・送信側のクライアントから送信側メールサーバまで…（ a ）

・送信側メールサーバから受信側メールサーバ…（ b ）

・受信側のクライアントから受信側メールサーバまで…（ c ）

ア：(a) SMTP (b) SMTP (c) POP

イ：(a) SMTP (b) POP (c) POP

ウ：(a) IMAP (b) SMTP (c) SMTP

エ：(a) IMAP (b) POP (c) SMTP

2. 主にネットワークを経由して、個人情報や金銭などを詐取する手法の名称と概要を、以下の表に示す。

名称	概要
(a)	金融機関やクレジットカード会社などからの正規のメールやWebサイトを装って、個人情報などを詐取する手口である。たとえば、「次のサイトにアクセスして、登録情報を速やかに変更してください」などと記載したメールを送りつけ、偽のサイトに誘導し、そこでクレジットカード番号やパスワードなどを入力させて、情報を不正に入手する場合がある。
(b)	有料サービスへの契約手続が完了したなどと偽って、契約料などの名目で金銭を詐取する手口である。たとえば、メール本文に記載されたURLをクリックしてそのWebサイトにアクセスしただけで、一方的にサービスへの入会などの契約成立を宣言されて、多額の料金の支払いを求められ、その後、料金請求の画面が何度も表示される場合がある。
(c)	金銭などを多くの人から少額ずつ、または少額を多数の回に分けて詐取する手口である。たとえば、発覚しにくい程度に1回あたりの数量や影響を抑え、金融機関の情報システムを不正に操作して、多数の口座から少額の金銭を複数回に分けて着服する場合がある。

ア：(a) ステマ詐欺
　　(b) ワンクリック詐欺
　　(c) クリームスキミング

イ：(a) ステマ詐欺
　　(b) ドメインジャック
　　(c) サラミテクニック

ウ：(a) フィッシング詐欺
　　(b) ワンクリック詐欺
　　(c) サラミテクニック

エ：(a) フィッシング詐欺
　　(b) ドメインジャック
　　(c) クリームスキミング

3. 利用目的や利用方法によっては、有用なソフトウェアも、マルウェアとして悪用される場合がある。たとえば、（ a ）は、本来はシステムの動作テストや自動実行のためにキー入力情報を記録する有用なソフトウェアであるが、リモートアクセス機能を利用して、記録された情報を外部へ送信するなど、（ b ）として悪用されることがある。また、（ c ）も、本来はユーザの画面に広告を表示する代わりに無料で提供されるソフトウェアであるが、コンピュータ内の情報を収集して外部に送信するなど、（ b ）として悪用されることがある。

ア：(a) キーロガー　　　(b) スパイウェア　　　(c) アドウェア

イ：(a) キーロガー　　　(b) ペーパウェア　　　(c) ネイティブアド

ウ：(a) マクロ　　　　　(b) スパイウェア　　　(c) ネイティブアド

エ：(a) マクロ　　　　　(b) ペーパウェア　　　(c) アドウェア

3 以下の文章の（　）に当てはまる最も適切なものを、選択肢（ア～エ）から1つ選びなさい。

1. （ア：デーモン　イ：ポートレット　ウ：ペーパウェア　エ：ランサムウェア）とは、感染したコンピュータを正常に利用できないようにする目的で、そのコンピュータのデータを人質にして、データの回復のための身代金を要求する不正プログラムである。

2. （ア：RAT　イ：Watering Hole Attack　ウ：APT攻撃　エ：ゼロデイ攻撃）とは、セキュリティ上の脆弱性が発見されたときに、開発者側からパッチなどの脆弱性への対策が提供されるより前に、その脆弱性をついて攻撃を仕掛けるものである。

3. Wi-Fi Allianceにより規格化されているWPA2は、無線LANクライアントとアクセスポイントとの接続に関する認証方式及び通信内容の暗号化方式を包含した規格であり、暗号技術として（ア：AES　イ：Blowfish　ウ：FEAL　エ：LDAPS）を採用している。

4. 公開鍵暗号方式を利用する際、n人の間で使用するネットワークでは、（　）が必要となる。

ア：2n 個の鍵

イ：n(n-1)÷2個の鍵

ウ：n^2+1個の鍵

エ：n^2-1個の鍵

4 次の問いに対応するものを、選択肢（ア～エ）から1つ選びなさい。

1. フィッシングによる被害の防止策として不適切なものは、次のうちどれか。

ア：金融機関のID・パスワードなどを入力するWebページにアクセスする場合は、金融機関から通知を受けているURLをWebブラウザに直接入力するか、メール本文中のリンクをクリックする。

イ：金融機関などの名前で送信されてきた電子メールの中で、通常と異なる手順を要求された場合には、内容を鵜呑みにせず、金融機関に確認する。

ウ：インターネットバンキングへのログインやクレジットカード番号などの重要な情報の入力画面では、Webブラウザに鍵マークが表示されているかなどにより、暗号化技術が使用されているか確認をする。

エ：金融機関のWebページにアクセスした場合、サーバ証明書の内容を確認し、その金融機関の正規のWebページであるかどうかの確認をする。

2. 水飲み場型攻撃の説明に該当するものは、次のうちどれか。

ア：クライアントとWebサーバの間のセッションを盗用する攻撃である。

イ：ターゲットとなるユーザが普段アクセスするWebサイトを改ざんし、そのサイトを閲覧しただけで不正プログラムに感染するように仕掛ける攻撃である。

ウ：金融機関やクレジットカード会社などからの正規のメールやWebサイトを装って、個人情報などを詐取する手口である。

エ：本来のドメイン名登録者のユーザID・パスワードを盗み出し、登録者以外の第三者による、ドメイン名の乗っ取りを行う攻撃である。

脅威と情報セキュリティ対策② **V-3**

3. シングルサインオンを導入した際のメリットとして最も適切なものは、次のうちどれか。

ア：管理者側のメリットとして、個々のユーザに応じたパスワードが自動生成されるため、パスワード発行の手続きが省略できることが挙げられる。

イ：管理者側のメリットとして、認証情報の管理を一元化することによって、パスワード管理の負担が軽減されることが挙げられる。

ウ：利用者側のメリットとして、複数のユーザIDに対して、共通したパスワードを設定することができるため、パスワード管理が簡素化できることが挙げられる。

エ：利用者側のメリットとして、アクセスするたびに自動的にユーザIDが生成されるため、アカウント管理の負担が軽減されることが挙げられる。

V

総合演習問題

207

総合演習問題

解答・解説

1
1. ×   2. ○   3. ×   4. ×   5. ○

解説

1. マルウェア感染などの被害に備えて、定期的にバックアップを行うことが必要です。ただし、外付けハードディスクをバックアップ用のメディアとして利用する場合は、バックアップ後にネットワークから切り離すようにします。バックアップ用のハードディスクを常時接続していると、マルウェア感染時にそのハードディスクにも感染するおそれがあります。

3. ネットワークに接続されているコンピュータのデータや、ネットワーク上に流れるデータを、不正な手段を用いて抜き取ったり、盗み見をするなどの行為はスニッフィングであり、盗聴ともいいます。

4. 問題文はブルートフォース攻撃の解説です。リバースブルートフォース攻撃は、パスワードを固定し、ユーザIDを順に試していくことでログインを試みる手法です。

2
1. ア   2. ウ   3. ア

解説

1. 受信側のクライアントから受信側メールサーバまでの通信には、POPのほかにIMAPが使われることもあります。

2. ドメインジャックとは、正式にはドメイン名ハイジャックといいます。本来の所有者ではない悪意ある第三者が、ドメイン名を乗っ取ることです。サービスの正常な運用に支障をきたす、ドメイン名と引き換えに身代金を要求するといった事件も起こっています。

3
1. エ   2. エ   3. ア   4. ア

解説

1. デーモンは、LinuxなどのOSでメインメモリ上に常駐して動作するプログラムです。ポートレットは、ポータルサイトに情報などを追加するための小さなプログラムです。ベーパウェアは、構想段階・開発段階でまだ完成するかどうかわから

ないソフトウエアやハードウェアを指します。

3. AES（Advanced Encryption Standard）は、強度が低くなったDESの代わりに、2001年に新たに制定された米国政府標準のブロック暗号の規格です。128ビット、192ビット、256ビットの長さの鍵を選択できるという特徴があります。

4. イのn(n-1)÷2個の鍵が必要なのは共通鍵暗号方式です。

4 1. ア　　2. イ　　3. イ

解説

1. 総務省は、「国民のための情報セキュリティサイト」においてフィッシングによる被害の防止策として、「金融機関のID・パスワードなどを入力するWebページにアクセスする場合は、金融機関から通知を受けているURLをWebブラウザに直接入力するか、普段利用しているWebブラウザのブックマークに金融機関の正しいURLを記録しておき、毎回そこからアクセスする」と示しています。メール本文中のリンクをクリックするのは不適切な対応です。

（参考：https://www.soumu.go.jp/main_sosiki/joho_tsusin/security/）。

2. アはセッションハイジャックの解説です。ウはフィッシングの解説です。エはドメインジャックの解説です。

3. シングルサインオンとは、関連する複数のサーバやアプリケーションなどにおいて、いずれかで認証を一度だけ行えば関連する他のサーバやアプリケーションにもアクセスできること、またはそれを実現するための機能です。

V-4 | コンピュータの一般知識

「コンピュータの一般知識」に関連する問題を解いてみましょう。

演習問題

1 以下の文章は、コンピュータに関するさまざまな知識を述べたものです。正しいものは○、誤っているものは×としなさい。

1. 大容量のフラッシュメモリを組み合わせて構築された、磁気ディスクの代替となる記憶装置は、SSDである。

2. シンクライアントとは、ハードディスクを持たず、内部にデータを格納できないノートパソコンなどのことであり、ネットワーク経由でサーバに接続して、サーバ上で稼働する仮想OSやアプリケーションの処理結果を受け取って画面に表示する。

3. POSシステムとは、販売時点情報管理とも呼ばれ、商品販売時にバーコードなどから商品情報を読み取り、商品の販売情報を記録するシステムである。店頭での販売動向をコンピュータでチェックし、在庫管理、商品搬入などを統合的に管理することができる。

4. SNMPは、ファイルをコンピュータ間で送受信するときに使用するプロトコルである。

5. テレワークとは、情報通信技術を活用した、場所や時間にとらわれない多様な就労・作業形態のことであり、在宅勤務、モバイルワーク、サテライトオフィスやスポットオフィスを利用した勤務などの形態がある。

2 以下の文章を読み、( ) 内のそれぞれに入る最も適切な語句の組み合わせを、選択肢（ア〜エ）から1つ選びなさい。

1.

(a) 最大で63台の機器をデイジーチェーン接続やツリー接続することができるシ

リアルインタフェース規格であり、コンピュータと周辺機器だけではなく、家電製品との接続も可能である。

（b）コンピュータ本体とハードディスク、CD/DVDドライブなどの接続に利用されるパラレルインタフェース規格であり、転送速度が40Mbps〜320Mbpsの規格がある。

（c）ノートパソコンやプリンタ、デジタルカメラなどの外部通信機能として利用されている、無線（赤外線）のインタフェースである。

ア：(a) IEEE 1394 (b) RS-232C (c) NuBus

イ：(a) IEEE 1394 (b) SCSI (c) IrDA

ウ：(a) IDE (b) RS-232C (c) IrDA

エ：(a) IDE (b) SCSI (c) NuBus

2.

（a）日本で最も普及しているバーコードで、事業者コード、商品アイテムコード、チェックデジットで構成されている。

（b）縦と横の二方向に情報を記録させたマトリクス型二次元コード。その用途として、URLの情報をこのコードで表したものをスマートフォンや携帯電話に搭載されている対応カメラで接写して情報を読み取り、該当するWebサイトへ直接アクセスさせることなどが挙げられる。

（c）書籍出版物の書誌を特定することができるコードで、国記号、出版社記号、書名記号、チェックデジットで構成されている。

ア：(a) JANコード (b) QRコード (c) ISBNコード

イ：(a) JANコード (b) ISBNコード (c) QRコード

ウ：(a) ISBNコード (b) QRコード (c) JANコード

エ：(a) QRコード (b) JANコード (c) ISBNコード

以下の文章の（ ）に当てはまる最も適切なものを、選択肢（ア～エ）から1つ選びなさい。

1. 以下の文章は、無線通信技術に関する記述である。（ ）内に入る最も適切な語句は、次のうちどれか。なお、それぞれの（ ）には、同じ語句が入るものとする。

（ ）とは、近距離無線通信技術の1つであり、国際標準規格として認証されているものである。通信距離は10cm程度に限定されていて、（ ）が搭載されている機器同士をかざすように近づけるだけで、通信が可能となる。（ ）は、カード型電子マネーなどの非接触式ICカードや、スマートフォン、デジタルカメラ、プリンタなどの電子機器に搭載され、さまざまな用途がある。たとえば、電子マネー決済に（ ）の技術が利用されていたり、（ ）が搭載されている機器同士でデータをやり取りするなど、多くの場面で利用されている。

　ア：PAN　　　　イ：SFA　　　　ウ：LTO　　　　エ：NFC

 次の問いに対応するものを、選択肢（ア～エ）から1つ選びなさい。

1. サーバがネットワークに接続するクライアントに、IPアドレスを自動的に割り当てる際に使用するプロトコルは、次のうちどれか。

　ア：MGCP　　　　イ：DHCP　　　　ウ：NDP　　　　エ：OSPF

2. 16進数の「C」を10進数で表したものは、次のうちどれか。

　ア：11　　　　イ：12　　　　ウ：17　　　　エ：18

3. ARの説明に該当するものは、次のうちどれか。

　ア：あるデータについてのメタデータ（その情報の属性などを表すデータ）の一種で、そのデータに関連する地図上の位置（緯度・経度）を示す数値データのことである。

　イ：アクセスカウンタなどの動的なWebページの作成に用いられている、WebサーバがWebブラウザからの要求に応じてプログラムを起動するための仕

組みである。

ウ：カメラやマイク、センサーなどを利用し、現実の環境での視覚や聴覚、触覚などの知覚に与えられる情報を重ね合わせて、コンピュータによる処理で追加あるいは削減、変化させるなどの技術の総称である。

エ：ディスプレイなどのインタフェース規格であり、VGA端子とも呼ばれ、コンピュータと液晶ディスプレイだけではなく、プロジェクタとの接続にも利用されている。

4. 国際標準規格であり、スマートフォンや携帯電話、ノートパソコン、周辺機器などを、ケーブルを使わずに接続して、音声データや文字データなどをやりとりする近距離無線通信技術は、次のうちどれか。

　　ア：MIFARE　　　　イ：Bluetooth　　　　ウ：CDMA　　　　エ：WiMAX

5. 10進数の「5」を2進数で表したものは、次のうちどれか。

　　ア：0001　　　　イ：0011　　　　ウ：0101　　　　エ：1010

6. 表計算ソフトに搭載されている機能で、「月」「火」「水」…や、「1月」「2月」「3月」…のように、日付や数値など、規則性のあるデータを連続して自動的に入力する機能は、次のうちどれか。

　　ア：オートコレクト
　　イ：オートフィル
　　ウ：オートシェイプ
　　エ：オートコンプリート

7. 最も速い通信速度を表しているのは、次のうちどれか。

　　ア：5Mbps　　　　イ：10Gbps　　　　ウ：200Kbps　　　　エ：1,000bps

解答・解説

1 1. ○   2. ○   3. ○   4. ×   5. ○

解説

4. ファイルをコンピュータ間で送受信するときに使用するプロトコルはFTPです。SNMPは、IPネットワーク上でネットワーク機器の監視と制御を行うためのプロトコルです。

2 1. イ   2. ア

解説

1. NuBusは、主に1990年代頃のApple Macintoshなどで採用されていたパラレルインタフェースの1つです。

2. aはJANコードの説明です。bはQRコードの説明です。cはISBNコードの説明です。

3 1. エ

解説

1. NFCは、NFCは「Near Field Communication」の頭文字を取ったもので、近距離無線通信技術の1つです。

4 1. イ   2. イ   3. ウ   4. イ   5. ウ   6. イ
7. イ

解説

1. DHCPは、IPアドレスなどの自動割り当てを可能とするプロトコルです。DHCPにより、IPアドレス、サブネットマスクおよびデフォルトゲートウェイの情報を、DHCPサーバから自動的に取得できます。PCがインターネットに接続する必要がなくなったときは、そのPCに割り当てていたIPアドレスを回収します。

2. 16進数の「C」は、10進数で表すと12です。10進数と16進数の対応表は次のとおりです。

10進数	1	2	3	4	5	6	7	8	9	10	11	12	13	14	15	16
16進数	1	2	3	4	5	6	7	8	9	A	B	C	D	E	F	10

3. アはジオタグの説明です。イはCGIの説明です。エはD-subの説明です

5. 10進数の「5」を2進数で表すと0101となります。10進数と2進数の対応表は次のとおりです。

10進数	0	1	2	3	4	5	6	7	8	9	10
2進数	0000	0001	0010	0011	0100	0101	0110	0111	1000	1001	1010

6. アは、ワープロソフトなどに搭載されている、綴りの誤りや大文字・小文字の間違いなどを自動的に修正する機能です。ウは、Microsoft Officeのソフトに搭載されている簡単な図形を描画するための機能です。エは、キーボードからの入力を補完する機能で、ユーザが最初の1文字を入力すると候補となる単語や文章が表示されます。

7. 通信速度は、次の表のように表すことができます。したがって、最も速い通信速度を表しているのはイです。

単位	比較
Kbps	1Kbps ≒ 1,000bps
Mbps	1Mbps ≒ 1,000Kbps
Gbps	1Gbps ≒ 1,000Mbps

総合演習問題

●索引 INDEX

■著者紹介
五十嵐 聡（イガラシ サトシ）
1964 年横浜市生まれ。70 社を超える IT 系メーカ
やソフトウェア企業などですべての区分をこなせる
情報処理技術者試験対策の講師として 25,000 名以
上の指導実績がある。
各研修先では、その指導力とキャラクタから常に高
合格率を誇っている。
著書に『徹底攻略 情報セキュリティマネジメント過
去問題集』（インプレス）、『IT パスポートパーフェ
クトラーニング過去問題集』（技術評論社）など多数。

●カバーデザイン	菊池 祐（株式会社ライラック）
●本文デザイン／DTP	スタジオ・キャロット
●本文図版	イラスト工房
●編集	小竹 香里

■本書サポートページ
https://gihyo.jp/book/2021/978-4-297-
12054-2
本書記載の情報の修正・訂正・補足について
は当該 Web ページで行います。

■お問合せについて
本書の内容に関するご質問は、FAX、書面、
またはサポートページの「お問い合わせ」よ
りお送りください。お電話によるご質問、お
よび本書に記載されている内容以外のご質問
には、一切お答えできません。あらかじめご
了承ください。

■問い合わせ先
宛先：〒 162-0846
東京都新宿区市谷左内町 21-13
株式会社技術評論社　書籍編集部
「最短突破 情報セキュリティ初級
認定試験 公式テキスト」係
問い合わせ先 FAX 番号：03-3513-6167

なお、ご質問の際に記載いただいた個人情報
は質問の返答以外の目的には使用いたしませ
ん。また、質問の返答後は速やかに削除させ
ていただきます。

最短突破　情報セキュリティ初級 認定試験 公式テキスト

2021 年 6 月 22 日　初版　第 1 刷発行
2024 年 4 月 5 日　初版　第 3 刷発行

著　者　五十嵐 聡
発行者　片岡 巌
発行所　株式会社技術評論社
　　　　東京都新宿区市谷左内町 21-13
　　　　電話　03-3513-6150　販売促進部
　　　　　　　03-3513-6160　第 5 編集部
印刷／製本　昭和情報プロセス株式会社

定価はカバーに表示してあります

ISBN978-4-297-12054-2　C3055
Printed in Japan